智元微库
OPEN MIND

成 长 也 是 一 种 美 好

洞见

不一样的自己

让你少走弯路的
60个智慧锦囊

洞见君 ———— 著

人民邮电出版社

北京

图书在版编目（ＣＩＰ）数据

洞见不一样的自己 ：让你少走弯路的60个智慧锦囊 /
洞见君著. -- 北京 ：人民邮电出版社，2022.6
ISBN 978-7-115-59218-7

Ⅰ．①洞… Ⅱ．①洞… Ⅲ．①人生哲学－通俗读物
Ⅳ．①B821-49

中国版本图书馆CIP数据核字(2022)第071588号

◆　　著　　洞见君
　　责任编辑　　刘艳静
　　责任印制　　周昇亮
◆人民邮电出版社出版发行　　北京市丰台区成寿寺路 11 号
　　邮编 100164　　电子邮件 315@ptpress.com.cn
　　网址 https://www.ptpress.com.cn
　　天津千鹤文化传播有限公司印刷
◆开本：880×1230　1/32
　　印张：9.75　　　　　　　　　2022 年 6 月第 1 版
　　字数：200 千字　　　　　　　2025 年 9 月天津第 28 次印刷

定　价：69.80 元

读者服务热线：（010）67630125　印装质量热线：（010）81055316
反盗版热线：（010）81055315

前　言

在这本书即将出版之时，两位同城的企业家来办公室拜访我。她们说很喜欢洞见公众号的文章，每天都阅读文章或听相应音频，很想知道写出如此动人的文章的人是什么样的人。

借着这个话题，我们聊起了阅读的观点。我说，读自媒体的文章，即使是优质的自媒体的文章，虽然也颇有信息含量和思想营养，但是永远不能代替读书。

当你读一本书的时候，那种仪式感、那些你产生的专注而系统的记忆与思考，是你用碎片时间阅读一两篇自媒体文章所不能相比的。

而这，也是我决意将洞见这几年来的文章梳理分类、结集出版的原因。

我在 2014 年 10 月创办了洞见公众号，至今已产出 1700 多篇原创文章，约三四百万字。持续的内容输出吸引了几千万读者朋友的关注，每天都有数百万人读洞见的文章。

这使我战战兢兢，不敢忘了写作的初心。即使现在我们有了不小的内容团队，我仍然本着极致匠心，与团队讨论和确定每一个选题、审核及修改每一篇文章。

我在 20 多岁时进入传统媒体，到今天仍然在自媒体上写文章，时间过去 20 年了。很多人不理解我当下的工作状态。他们觉得，我作为一个头部自媒体公司的创始人，还有必要在一线看着一字一句吗？

非常有必要啊。我从来没有把做内容当成做一个普通的生意。做普通生意的，目标可能是赚钱；我们做内容的、写文章的，目标则是用自己的文字对人们产生有益的影响。人们因为喜欢而阅读文章，因为价值而关注我们。

你会发现，洞见这个平台有确定的价值观，有清晰的内容方向。我们永远不会为博打开率做"标题党"，不会为了流量轻率地消费社会热点。所有内容，必须符合价值输出的原则。

基于这个原则，我们在设计本书的框架时，将内容分为认知、自律、修养、人际、情绪五个部分。这个框架代表了洞见的主要内容方向，即致力于个人思想行为提升、内心的强大和改善。

当然，洞见公众号还有其他板块的内容，比如家庭亲子教育、文化读书等，这些以后再为大家集结呈现。

沃沦·巴菲特的最佳搭档查理·芒格说："我这辈子遇到的来自各行各业的聪明人，没有一个不每天阅读的，一个都没有。"

是的，脚步丈量不到的地方，文字可以载你去；现实中无法经历的人生，在书里能够体会到。

我相信，这本书不但可以带给你阅读的充实和快乐，还能让你在其中找到一点提升自我的方法，使你变得更广阔、更深刻。如果你常常受困于对生活的情绪并且感到迷茫，它也能给你启发与疗愈。

最后，我想感谢当年力劝我创办洞见的朋友——吉林大学的清风老师。

感谢人民邮电出版社的编辑为洞见公众号的第一本书起了"洞见不一样的自己"这样一个好书名，愿你在阅读这本书的时候，洞见不一样的自己，成为更好的自己。

目　录

认知·你是你人生的书写者

自律·在工作中修炼自己

修养·超然物外，独行自在

人际·最最难得是舒服

情绪・与自己的情绪和谐相处

认知·你是你人生的书写者

"人"字两笔，写尽一生

有这样一副对联：上联是"若不撇开终是苦"，下联是"各自捺住即成名"，横批是"撇捺人生"。

这副对联里藏着的正是一个"人"字。"人"字看似好写，只有一撇一捺，简单两笔，却将我们的人生一分为二，一笔前半生，一笔后半生。前半生忙忙碌碌，努力追求心中那个英雄梦；后半生淡定从容，在红尘中找回曾经的赤子之心。

01

一撇写抬头，一捺写弯腰。

孔子和子路周游列国时，有一次在途中发现了一块破烂的马蹄铁。孔子让子路把它捡起来，子路懒得弯腰，便假装没听见。

孔子见状，没说什么，自己默默弯腰捡起了那块马蹄铁，并用它在铁匠那里换了 3 文钱，又用这钱买了十几颗樱桃。

后来，二人出了城，途经一片旷野，前不着村后不着店，子路渴得厉害。孔子就悄悄将之前买的樱桃丢掉一颗，子路一看，立马捡起来吃了。

孔子边走边丢樱桃，子路就狼狈地弯了十几次腰。最后，孔子笑着对子路说："要是你最开始愿意弯一次腰，后面就不用反复弯腰了。"

年轻时，可能许多人都有过这样的时刻，放不下傲慢，收不起傲气，不肯低头，不愿弯腰。后来才懂得，漫漫人生路，能弯下腰才算是真正理解了生活。

我有一位大学同学，刚毕业时行事高调张扬，似乎把谁都不放在眼里。对待看不惯的人，他喜欢硬碰硬，针锋相对；对待不服气的事，他恨不得气势汹汹地抓着对方的衣领争个高下，辩个输赢。他也因为这种性格伤痕累累，吃了好多亏。

后来，他结婚生子，工作的压力、家庭的负担和生活的艰辛逐渐磨平了他的棱角。从前那个头抬得比谁都高的他不见了，他变得更加温润，刚柔并济。

行至中年再想起曾经，他感慨不已：原来，很多时候，轻狂张扬会招来祸患，心怀谦卑才能行稳致远。年少时，或许我们都曾锋芒毕露、桀骜不驯；但长大后，我们却也会渐渐变得温和内敛、低调谦逊。

人经历得越多，或许越会收起倔强和傲慢，学会弯腰和低头，这不代表越来越没出息了，而代表越来越有智慧了。

02

一撇写追逐，一捺写停泊。

德国诺贝尔文学奖得主海因里希·伯尔写过一篇名为《聪明的渔夫》的寓言故事。

有一个旅游的人到了一个偏僻的渔村。他看见一个渔夫躺在小渔船上，正晒着太阳打瞌睡，便忍不住走上前劝说渔夫："你不应该躺在这里晒太阳，你应该出海打鱼，然后把鱼卖了，得到钱以后，买更大的渔船，挣更多的钱。"

"然后呢？"渔夫问。

"继续买更大的渔船啊。"说到最后，他建议渔夫买一条先进的现代化渔船。

"然后呢？"渔夫又问。

"你就可以躺在它上面晒太阳了。"

渔夫笑了："用不着，我现在就可以。"

年少时，一些人会以为有名有利才是成功，可等到尝尽人间百味、看遍世事繁华后，他们终究会明白，追名逐利只是生活的手段，不是生活的目的。最让人幸福的，是摆脱了虚名浮利后感受到的心的宁静和满足。我们身边有多少人终日奔波劳累，忙着觥筹交错、追名逐利，最后在繁华与浮躁里迷失了自我。

诸葛亮在《诫子书》中说："非淡泊无以明志，非宁静无以致远。"

人生一世，草木一秋。荣华花间露，富贵草上霜。淡然看待一切虚名浮利，才能过得清净自在，活得舒坦闲适。

03

一撇写拿起，一捺写放下。

人生，是一个化繁为简的过程，越往后，放下的越多，人越清静，心越自在。

作家周国平曾经有很长一段时间忙于应付各种刊物的约稿、媒体的采访和一些好事者组织的聚会。他很不喜欢这种被闲杂事所累的状态，但因为工作和生活中的种种原因，他也不好拒绝这些事，只好都答应下来。

一次偶然的机会，他到一所大学任客座教授，远离了繁杂琐事，割断了没必要的社交。那段时间，他回归安静且无人打扰的生活，心无挂碍，怡然自得。

后来，他决心屏蔽一切杂事，拒绝一切无意义的采访、酒局、聚会。这之后，他感觉自己的耳根和心灵都清静了。

那时他才清晰地意识到，一直以来，他被各种杂事、杂物支配，并且沉溺其中，以为这就是人生的全部意义。可是，跳出来一看才发现，世界很大，比起应酬、社交，更重要的是找回自己，与自己坦然相处。

泰戈尔的《断想钩沉》中有一句话我很喜欢："我们在黑暗中摸索，绊倒在物体上，我们抓牢这些物体，相信它们便是我们所拥有的唯一的东西。光明来临时我们放松了我们所占有的东西，发觉它们不过是与我们相关的万物之中的一小部分而已。"

人生海海，俗世万千，每个人都免不了落入俗套。前半生，我们忙于行万里路，阅大千世界，交各色朋友，以为这就是人生不可舍弃的必需；后半生，我们才慢慢明白，穿梭于灯红酒绿的喧嚣，混迹于无意义的社交，只会浪费时间，消耗精力。

人这辈子，要拿得起，更要放得下。

经营自己是一生的事业

现代管理学之父彼得·德鲁克说过："如果把人生比作一家企业，我们就是自己这家企业最好的管理者。"优秀的企业，离不开妥善的经营，人也如此，只有经营好自己，才能拥有想要的人生。

01

企业找不准定位、选错赛道，就无法打开自己的市场。人也一样，如果找不准位置，就会错失很多机会。

美国投资专家克里斯·加德纳最开始从事医疗器械的推销工作，他每天5点多就起床，醒来后的第一件事就是打电话联系客户。尽管如此卖力，他的销售业绩还是连续几个月垫底。有好长一段时间，他都负担不起房租和儿子的学费，甚至连维持基本生活都很难。

直到有一次，他提着医疗器械在证券公司门口推销，碰到一个看起来很成功的人。对方停下来和他闲聊。他随口问道："你是做什么工作的？"那人指了指前方的证券公司，回答说："我是一名股票经纪人。"他低下头，小声说："要上大学，才能做股票经纪人吧？"对方说："不用，只需要精通数字。"

听到这句话，克里斯回想起自己推销时屡屡被拒之门外的场景，才突然发现自己其实并不适合与人打交道。他想起当年读书时自己在数学上展现的天赋：第一次玩魔方，就凭借逻辑推理能力轻松复原魔方。

于是，他下定决心转行。他利用业余时间学习，不错过每一个培训机会，最后顺利通过证券公司的实习面试，成为一名股票经纪人。他在这条路上潜心耕耘，最终成了美国知名金融投资专家。

如果你感觉在生活中四处碰壁，可能就是因为你将自己放错了位置。如果你重新找准自己的定位并为此付出努力，也能收获不一样的生活。

02

有人询问一位著名的产品经理人："你经营过的让你最有成就感的产品是什么？"那位产品经理人笑了笑，指了指自己说："我经营过的最好的产品，就是我自己的能力。"

一位在传统媒体领域就职的朋友辞去稳定的工作，转行进入新媒体领域，因为非相关专业出身，所以尽管他很努力，也写了不少文章，但成绩还是不尽如人意，这让他一度想要放弃。

某天，领导问他："如果用 3 年的时间深耕新媒体，你能不能将你的文字锤炼到专业水准？"他当时犹豫道："应该能吧。"紧接着，领导又说："同样是 3 年的时间，你如果自怨自弃，3 年后的你比起现在可能也不会有所改变；但你如果潜心钻研，3 年后的你就有可能精通新媒体文章写作，为什么不去试试？"

也就是从那个时候起，他在完成日常工作之外，每天还阅读大量文章，拆解优秀文章，从选题到金句，从素材到行文，都一点一点地打磨。不到 1 年时间，他就从一个什么都不懂的门外汉，变成一个账号的主笔。3 年过去了，他早已成为行业内的佼佼者，薪资翻了几倍。

一个人的价值和他的能力成正比。你唯有沉淀下来，把自己的"产品"打磨到极致，才能让自己变得不可替代。

03

1970 年，在哈佛大学毕业典礼上，学校对毕业生们做了一次调查。调查显示，在这批毕业生中，3% 的人有清晰的长期目标，10% 的人有清晰的短期目标，60% 的人目标模糊，27% 的人没有目标。

25 年后，哈佛大学联系到这批毕业生，了解他们的生活现状，结果发现在调查中占 3% 的那批有清晰的长期目标的人，有很多都成了社会各界的优秀人士，他们中不乏白手起家的创业者、行业领袖、社会精英；占 10% 的有短期目标的人，大多成了行业内不可或缺的人才，如医生、律师、工程师、高级主管等；占 60% 的目标模糊的人，大多过着安稳的生活、有着稳定的工作；而占 27% 的没有目标的人，几乎都生活得不算如意，长期徘徊在温饱边缘。

哈佛大学将这次调查命名为"精英人生轨迹实验"，并总结出一个结论：懂得提前给自己设定目标的人往往更容易取得成功。

确实如此，人生中的遗憾有时不是目标没有达成，而是根本没有目标。

一个人未来能走多远不取决于他的起点在哪里，而取决于他的目光在哪里。正所谓"心之所向，素履以往"，只要志存高远，再远的远方也终能到达。

作家粥左罗说过："人生亦有商业模式，要像经营一家公司那样经营自己。"你的定位就是你的市场，你的能力就是你的产品。用心经营自己，你才能持续增值，拥有想要的生活。

认知半径决定你能走多远

01

前段时间，我和朋友一起驾车去乡下歇凉，落脚的农家乐是一户养蚕的人家。我们到的时候，男主人正在打扫用来培育幼蚕的饲育箱。看着饲育箱里的蚕茧，朋友很疑惑："这么多幼蚕都不要了吗？"男主人叹了口气，答道："不是不要，只是这些幼蚕已经被困死在厚厚的蚕茧里，再也出不来了。"

原来，蚕在结茧后7到15天便会开始尝试破茧而出。有的蚕在挣扎过程中呼吸到了新鲜空气，会奋力冲破蚕茧的束缚，发生蜕变；而有的蚕挣扎几次没能冲破蚕茧，便以为茧房就是世界的全貌，最后心甘情愿地待在里面，直到茧房内的空气耗尽，窒息而亡。

但其实，这些蚕如果能认识到茧房之外还有一个更大的世界并用力向外挣扎，就能重获新生。和这些蚕一样，很多时候，我们看似陷入了某种困境，其实不过是被困在自己的认知茧房里。

02

以前和我的一位大学老师聊到关于认知的话题，他说的一段话让我至今印象深刻，他说："真正限制我们人生的，从来不是经济上的贫穷，而是认知上的困顿。认知水平不够，再努力也没用；认知层次太低，再辛苦也是徒劳。终其一生，我们都是在和自己的认知能力博弈。"

这话一点儿没错。我以前一直以为，人与人之间之所以有差距，是因为每个人的家庭条件不同，个人能力不一样，后来才逐渐意识到，真正能拉开差距的，是人的认知水平。

认知水平不同，人看到的世界不同，处理事情的方式自然不同。

我之前看《财务自由之路》这本书时，里面有个故事让我印象特别深刻。

彼得出生于美国西部的某个贫民窟，父亲酗酒，母亲吸毒。

他靠着政府的救济金,在对饥饿、毒品、传染病的恐惧中长大。他的朋友告诉他:"我们只能走父母的老路,没有其他出路。"但是彼得说:"不,不是这样的。我被赋予生命、思想、智慧,就是为了更好地认识这个世界,而后改变世界。我决不能被眼前的贫穷困住。"怀揣着这样的信念,彼得开始和贫穷生活抗争。他靠卖报纸、刷盘子、扮小丑、在街头卖唱……坚强地生活下去。

某天,他在上网时看到一个旅游博主的视频。他灵机一动,在自己的社交账号上上传视频,记录自己在贫民窟的日常生活,人们对贫民窟的好奇心让他不到三个月就收获了很多关注。随着关注度越来越高,慢慢地,有互联网公司主动上门来找他洽谈商业合作。后来,他成了一位坐拥百万粉丝的视频博主,年入数十万美元。

一个人的认知层次对他的人生结局有很大影响。就像彼得,他没有像他的父母一样酗酒、吸毒、自暴自弃,也没有像他朋友那样认定自己只能走父母的老路。相反,他坚信自己可以冲破贫穷的束缚,并处处寻找机会改变生活。因此,尽管他和他的父母、朋友都生活在贫民窟里,但他最后走了出去。

03

有些人的认知水平一般，一直被困在认知茧房里，难以有所进步，那么，如何打破认知茧房，实现思维跃升呢？

第一，突破舒适区，转向困难区。

人的认知分为三个区域：舒适区、拉伸区、困难区。

真正厉害的人会不断突破舒适区，转向困难区。通过大量阅读、与优秀的人交往、看不同领域的专业人士的演讲等，向外打开自己的认知；再通过改进原有工作方法、提升专业技能、进行多维度思考，向内深化自己的思维。在这个过程中，认知区域的半径会不断扩大，原先的困难区会慢慢变成拉伸区，甚至是新的舒适区，我们的思维边界得以拓宽，从而能更全面地看待问题。

第二，不再被动学习，开始主动学习。

我们大多数人习惯于被动学习与被动思考：在学校时，跟着老师的教学计划走；工作以后，按照领导的指令行动。美国学者埃德加·戴尔曾提出"学习金字塔"理论，之后，美国缅因州国家训练实验室也通过实验发布了"学习金字塔"报告，报告称：人的学习可以分为被动学习和主动学习两个层次。

被动学习：听讲、阅读、视听和演示。被动学习的内容留存率在 5%~30%。

主动学习：讨论、实践、教授给他人。主动学习的内容留存率提升到 50%~90%。

由此看来，人们通过主动学习获得的内容的留存率远远高于被动学习。真正的改变都是由内向外发生的，我们应该转变自己的学习方式，不再被动学习，开始主动学习。

比如，多和优秀的人讨论、亲身实践、把自己学到的东西传授给他人等。只有直面自己的认知误差，通过主动学习提升自己的内容留存率，才能实现思维跃升，摆脱自己困住自己的僵局。

作家雾满拦江讲过一句特别真实的话："认知水平不足的人，必困于自己的心，举目所见，只有一些毫无意义的东西，拼命求索，却无改于自己的命运之分毫。"想摆脱人生的种种苦恼，要先提升自己的认知。只有打破认知茧房，才能逃离人生的困境。

为什么有的人勤勤恳恳却一事无成

01

日本北海道大学的进化生物研究小组做过一个实验，对三个分别由 30 只蚂蚁组成的黑蚁群进行追踪，观察它们的分工情况。结果发现大部分蚂蚁都很勤快，它们忙于清理蚁穴、搬运食物、照顾幼蚁，几乎没有停歇。然而，有小部分蚂蚁却"无所事事"，终日在蚁群周围东张西望，从不工作。生物学家把这小部分蚂蚁称为"懒蚂蚁"，并在它们身上做了标记。

有趣的是，当研究小组切断蚁群的食物来源时，那些勤快的蚂蚁立马乱成一团；而那些"懒蚂蚁"则不慌不忙，带领蚁群向新的食物源转移。原来"懒蚂蚁"不是真的懒，而是把大部分时间都用于侦察，它们看起来游手好闲，但没有停止过思考，这就是著名的"懒蚂蚁效应"。

02

之前我带过两个实习生，他们的实习经历很有意思。

他们是同学，也是同批进公司的实习生。为了能留下好印象，其中一位实习生每天第一个到公司，最后一个离开。

实习期间他几乎每天都加班到晚上12点。而他的那位同学每天踩着点来又踩着点走。两个月后公司进行转正考核，他本来以为留下来的肯定是自己，结果是他的同学成功留在了公司。

他很气愤地发了一条朋友圈：60天的勤奋努力，不过是个笑话。

我看到后，发给他两份业务报告，一份是他的，另一份是那位同学的。他的报告密密麻麻几千字，内容却中规中矩。与之相比，另一份报告虽然只有千余字，但是逻辑清晰、重点突出，让人一目了然。

最重要的是，在战略分析那一栏，他只是简单写了一点，而他的同学却深入浅出地指出公司的优势、劣势和市场中潜藏的机会与风险。原来，在他因为琐事忙到脚不沾地时，他的同学在研究策略层面的问题。人与人之间的差距有时不体现在努力的程度上，而体现在思维的深度上。没有深度思考，勤奋只是无用功。而我说的这个实习生就被表面的努力麻痹，将勤奋肤浅地理解为"每天工作到晚上 12 点后"，忽略了思维的深度。直到最后才发现自己不过是在用战术上的勤奋掩盖战略上的懒惰。

03

之前看《思考，快与慢》一书，书里有个故事让我印象特别深刻。

在加利福尼亚的一个小镇上住着一个喜欢写作的年轻人。他每天笔耕不辍，立志成为一名优秀的小说家，但是他写出来的小说总是滞销，无人欣赏。

他很苦恼，于是去向一位智者请教："请您告诉我，为什么我夜以继日地写作，却好像没有任何进步呢？"

对方没有直接回答，而是反问："你早上都在做些什么？"

他有点不解地说："我在写小说。"

对方又问："那么上午呢？"

他答道："也在写小说。"

对方继续问："下午呢？"

听到这话，他有点不耐烦："我每天除了吃饭睡觉，其余时间都在写小说。"

"那你什么时候在思考呢？"看着丝毫不知道自己哪儿有问题的年轻人，这位智者耐心地回答，"你所谓的勤奋，不过是重复的无尽忙碌，并没有什么难的。只要有条件，大部分人都可以做到，难的是思考。没有思考，你的小说就没有灵魂；没有思考，你的勤奋就没有意义。"

是的，将埋头写作当成唯一的创作手段而不思考总结，凭什么提升？一个囿于杂务、懒于思考的人，注定会陷入平庸。摆脱低质量的勤奋，养成思考的习惯，才是进步的第一步。

"麦克阿瑟天才奖"获得者塞德希尔·穆来纳森有句名言："对任何一个组织而言，留有一定的余闲都很重要，它不是对资源的浪费，反而能让系统更高效地运转。"同样地，对于个体而言，我们也需要给自己留一定的余闲时间来思考充电，提升自己。一个人的思考深度决定了其人生高度。

在忙碌的生活中给自己留下思考的空间，我们才能静听内心深处的声音，找到最能实现人生价值的路径。

思想丰盈的人不贫穷

01

有位企业家通过校招招过两个员工，二人能力差不多，刚进公司时二人都没什么钱，就把房子租在离公司较远的地方。每天上下班通勤要消耗四小时，又耗时又累人。这位企业家建议："你们可以在离单位近点的地方租房，虽然贵一点，但可以节约很多时间。"

一位员工照做了，在单位附近租了房子；而另一位员工却没有，他的理由是："太贵了，不能浪费钱，反正我有的是时间。"结果，把通勤时间节约下来的员工有更多时间提升专业技能，很快就拿到了各种专业证书，工作能力也大幅提升，三年后，他的工资翻了两倍；而另一位员工三年内工资只涨了 800 元。

一些人存在思维局限，他们把钱看得太重要，只想着存钱而不懂得如何花钱。他们舍不得花钱投资自己，不愿意花钱买知识、买服务、买信息并以此提升自己。还有一些人与之恰恰相反，他们喜欢花钱投资自己，舍得花钱不断扩充自己的大脑、拓展自己的认知边界。这些人在未来会获得更大的收益，取得更高的成就。

02

前段时间回家和家人闲聊时，家人说的一件事让我十分唏嘘。

事情发生在 20 世纪 70 年代，那时邻居大余的家庭条件不太好，家中还有 4 个兄弟姐妹，父母都是老实本分的农民，收入不算太高，但即使这样也一直咬牙供他们上学。

那时很多孩子中学便辍学去务工，而大余喜欢读书，再加上有一定天分，好不容易考上了大学，父母考虑后咬牙供他上了大学。本以为这是个励志的故事，可到了大学，大余看到自己与周围同学存在极大差距，他变得自卑、消极，总抱怨自己没有出生在一个富有的家庭，父母都是农民，自己的未来也好不到哪儿去，因此，他在学习上也不太用心。

毕业以后，他更是眼高手低，挑来挑去，始终没有找到一份好工作。看到别的同学都有了更好的发展，他依旧抱怨，依旧把一切都怪罪于他的出身。而那些和他家庭条件差不多的人在毕业后踏实努力地工作，生活慢慢有了起色，有些人还在城市买了房，站稳了脚跟。

喜欢把人生中不如意的事都归因于出身就是典型的短视的表现。穷不可怕，可怕的是一直用穷当借口，失去对生活的热情、对未来的向往和追求。穷应该是动力，不应该是借口。出身决定了你的起点，但决定你最终会成为哪种人的，只有你自己。

03

《管道的故事》一书讲了意大利某个小山村里两个年轻人的故事。这两个年轻人一个叫柏波罗，另一个叫布鲁诺。他们有一个相同的梦想：成为富有的人。

二人同时获得了一份好工作：把附近河里的水挑运到村广场的蓄水池里。最开始，二人有一样的工作流程：提桶—去河边打水—倒入蓄水池。村民们付钱给他们，一桶水一分钱，提的水多，赚的钱就多。

对此，布鲁诺心满意足地欢呼："我们的梦想实现了。"他对未来的规划是：每天打水、领钱，然后攒钱、买衣服、买房子。

柏波罗却认为这糟糕透了，这样的钱，即使每天脚不沾地地努力去赚，又能赚多少？柏波罗建议挖管道，直接把水引到村里。布鲁诺却认为这是个馊主意，他对每天打水、领钱的日子非常满意。

接下来，柏波罗把时间分成两部分，一部分用来打水，另一部分用来挖管道。从开始挖管道的那天起，柏波罗赚的钱就变少了，村民们也因此嘲笑他是"管道人"。

在之后的两年时间里，柏波罗的收入都没有布鲁诺高，布鲁诺得意扬扬，嘲笑柏波罗十分荒唐。然而，等到管道竣工，水直接引到村里后，布鲁诺却呆住了，因为这时他彻底失业，没人需要他打水了。而柏波罗呢，他凭借管道赚得盆满钵满。

布鲁诺之所以拒绝挖管道，是因为他贪恋打水、领钱的稳定生活，根本不相信管道能在未来带来收益。有这种思维的人并不少见，他们只盯着眼前、目光短浅，在面临抉择时倾向于选择一个更确定的结果，更注重眼前的利益，不愿意去做暂时无法带来收益但有长远价值的事情。

目光短浅是人的发展受限的重要原因，受到限制的那些人只顾眼前利益，不愿为了未来的幸福忍受眼下一时的辛苦和艰难。

一个人的思维决定了他的高度，你的思维格局决定了你的人生高度。

比贫穷更可怕的是走不出思维怪圈。要想改变生活，先改变思维。若你改变了思维，人生处处皆有峰回路转的可能。

踏平障碍后，人生皆坦途

在人生道路上我们会遇到无数阻碍我们前进的高墙。有些墙是有形的，有些墙是无形的，这些墙既是隔阂，也是挑战。我们唯有推倒人生的三堵墙，才能战胜自己，成为命运的主人。

01

推倒思维的墙——思维有多远，你就可以走多远。

美国康奈尔大学的威克教授做过这样一个实验。

把蜜蜂和苍蝇放在一个瓶子里，封住瓶口，然后在瓶底钻一个孔，蜜蜂和苍蝇都拼命想出去。蜜蜂记得来时的路，于是撞向瓶口；苍蝇不记得路，于是乱飞乱撞。最终，苍蝇率先飞出，蜜蜂却怎么也飞不出瓶子。

很多时候，局限一个人的不是环境，不是能力，而是其固有思维。思维影响一个人的命运，真正的高手都有破局思维，越厉害的人越懂得如何打破思维定式。

现在物流业越来越发达，快递从三日达到隔日达，再到当日达、一小时达。但是有的公司却逆向思考，专门做"慢递"生意。比如，让准妈妈给孩子写信，把她此刻的心情与祝福写给18岁的孩子；让刚毕业的学生把此刻的愿望和理想写给30岁的自己；让不得已分手的情侣，把此刻的苦衷写给几年后的另一半。

这些"时光胶囊"是一个人的自我审视，也是一种情感寄托。慢递生意不追求效率，不争抢时间，反而开辟出新市场。

古往今来，多少人被苹果砸中过，大家对这件事都习以为常，认为理所当然，只有牛顿感到疑惑：为什么苹果不往上浮？因此，牛顿发现了万有引力。大部分人都在做快递生意，谁能想到"慢递"也是一门生意？

爱因斯坦说："人类解决世界的问题，靠的是大脑思维和智慧。"思维有多远，你就可以走多远。遇到事情，不要总是被固有的思维模式局限，多想一些，多走一步，才能开启更好的人生。

02

推倒苦难的墙——水到绝处是风景，人到绝境是重生。

都说水到绝处是飞瀑，人到绝处是转机。困境中往往蕴含着希望，危险中往往蕴含着机遇。弱者视困境为天堑，强者视危险为挑战，人生中的艰难时刻都是强者脱胎换骨的契机。

我有一位朋友，30 岁以前，家境优渥，家庭幸福，生活顺风顺水。

可就在他 30 岁那年，家里的生意出现严重亏损，还欠债几十万元，父亲也因此患上重病。那段时间，他要负担家里的开支，还要应对响个不停的催债电话。

他几乎一夜之间白了头。有段时间，他整天借酒消愁，常喝得烂醉如泥。幸好女儿和妻子唤醒了他，他才重新振作起来。

那段时间，他当过外卖员，摆过路边摊。就这么日复一日地忙碌着，没过几年，他竟然锻炼出一身新本领，还清了欠款，父亲的身体也有了很大好转。

莫言在《蛙》中写道："不遭苦难，如何修成正果；不经苦难，如何顿悟人生。"没有从天而降的收获，你想得到任何东西都要付出代价。一个人想成为更好的自己，吃苦、受罪几乎是不可避免的。

《西游记》一书中，师徒四人在历经八十次磨难后就要取得真经，结果观音一算，还少一难，于是又给他们加了一难，九九八十一难，一难也不能少。

成长的过程就像打铁，少了一锤，最后成色就会差很多。经事长志，历事成人。经事越多人越聪颖，历事越多人越干练。那些在生活中一帆风顺的人在面对挫折时可能会被击倒；而那些在逆境中成长起来的人抗击打能力更强，走得也更远。

俄国作家陀思妥耶夫斯基说："我怕我配不上我所受的苦难。"人生的所有苦难，都是成就之路；人生的所有高墙，都是进阶之路。撑下去，熬下来，必然会有一片新天地。

03

推倒内心的墙——不怕万人阻挡，只怕自己投降。

古希腊神话中，塞浦路斯国王皮格马利翁非常喜欢雕刻，他用精妙的技艺雕刻了一座美丽的象牙少女像。因为倾注了太多心血，皮格马利翁爱上了这座雕像，于是他祈求神明，赋予雕像生命。神明最终被他打动并赐予雕像生命，皮格马利翁便娶她为妻。

这就是心理学上的皮格马利翁效应。当你对某件事有着很强的期待时，愿望就可能会实现。

一个人的心态能在很大程度上影响事情的走向。人生最难推倒的墙不在外界，也不在头脑中，而在自己心里。只要心里没有墙，人生到处都是路；只要不给自己设限，一切皆有可能。

如果一个人坚信生活美好，生活或许慢慢就会变好；如果一个人垂头丧气，生活或许慢慢也会变糟。你若开心，便是晴天；你若悲伤，便是雨天。心态对了，人生就顺了。

万事万物，彼此对立，彼此转化。墙既可以是阻碍，也可以是阶梯。

跨过去是门，跨不过去是槛

加拿大畅销书作家马尔科姆·格拉德威尔在《异类》一书中提出："人们眼中的天才之所以卓越非凡，并非天资超人一等，而是付出了持续不断的努力。只要经过 1 万小时的锤炼，任何人都能从平凡变成超凡。"

人生中的无数道槛，跨过去了是门，跨不过去就是槛。那些抬脚就能轻松跨过槛的人表面上镇定自若，背后却付出了超出常人的艰辛。只有付出无数个日夜的努力与坚持，才能在旁人眼中毫不费力。

01

上个月，我和朋友一起去看了一场线下脱口秀。有个演员从头到尾侃侃而谈，说话如行云流水，十分幽默。原本无聊的演出因为他大放异彩，很多观众都被他深深吸引。中场休息时，我忍不住好奇，上前与他聊天，问他："你是怎么做到面对这么多人，还可以轻松把控全场的？"听完我的话，他笑了笑，说："你只看到我在台上的光彩，但你知道其实我以前有口吃的毛病吗？"

原来，他曾是一个极度自卑的人，平时说话还好，可一紧张就会结巴。有一次，公司有一个晋升的机会，他非常想争取。领导让他去陪客户吃饭，对他说只要拿下这个项目就可以顺利晋升。

客户是个湖南人，特别爱吃小龙虾。席间客户去了一趟卫生间，刚好小龙虾端上桌，他当时就愣住了，他从来没有吃过小龙虾，也不知道怎么吃，客户回来后看到小龙虾没有动，以为是不给他面子，全程脸色都不好看。他想说点什么缓合气氛，但越紧张越结巴。项目最后自然没拿下，客户丢了，晋升机会也没了。

这次经历深深刺激到了他，他下定决心克服这个缺陷。于是他做了个大胆的决定：去讲脱口秀，当着众人的面讲笑话，刻意锻炼自己。此后，早起天不亮，他就开始学习与模仿电视上脱口秀演员的语气、神色。刚开始站上舞台时，他说话磕磕巴巴、状况百出，讲完一个段子台下寂静无声，还时常遭到其他演员的嘲笑。经过反复尝试,他终于克服了内心的自卑,也能坦然自在地与人交流。从第一次尝试讲脱口秀到最后备受瞩目,这条路他走了整整三年。

人生中有无数道槛,没跨过去时,它们横看竖看都是槛;当你足够强大,步子足够稳时,轻轻一跨就会迈入那道光亮之门。有些事不是因为看到了希望才去坚持,而是因为坚持才会看到希望。

不知道大家有没有听过"荷花定律"。

在一个荷花池中,第一天开放的荷花数量很少,第二天开放的荷花数量是第一天的二倍,之后的每一天,荷花都会以前一天二倍的数量开放。

假设第 30 天荷花开满了整个池塘,那么在第几天池塘中会开满一半荷花?很多人以为是第 15 天,但答案是第 29 天。

成功就像这满池的荷花,从来不是一蹴而就的结果,而是日日夜夜的累计。人生之路何其漫长,那些厉害的人不一定聪明,但一定懂得如何坚持。

02

作家杰克·凯鲁亚克在《在路上》一书中写过这样一段话："我要和生活再死磕几年。要么我就毁灭，要么我就注定辉煌。如果有一天，你发现我在平庸面前低了头，请向我开炮。"

生活就是在死磕中缓慢前进。那些难走的路都是命运提早安排好的。

作家贾平凹在童年时期经历了漫长的饥饿与心酸。

为了补贴家用，他和隔壁五叔一同去砍柴，手上经常布满血泡，衣服也经常被划得破破烂烂。可即便生活很艰难，贾平凹也从未有过放弃读书的念头。夜里，母亲在屋里织布，纺织机发出咿咿呀呀的声音，贾平凹就在月光下读书。

童年时期遭受的苦难为贾平凹后来的写作积累了大量素材。从吃不饱饭、饿着肚子的农村小孩到今天的著名作家，这条路贾平凹走得异常艰难。

每个优秀的人都有一段沉默的时光，那段时光是付出了很多努力却得不到结果的日子，被我们称为"扎根"。努力过程中吞下的每一滴苦涩的泪水，最后都会绽放出绚丽的烟火。

翻越了眼前的高山、回首过往时，你会懂得人生没有白走的路，每一步都算数。人的一生中总有一段时间需要独自穿过那条悠长、黑暗又仿佛没有尽头的隧道。那时的你无人陪同，只能硬着头皮缓慢地走，不能停下，更不能回头。走着走着，隧道口的光亮出现在你的视线中，艰难跋涉后的喜悦便会涌上来。成年人的生活中有太多深夜痛哭、清晨赶路的时刻。强者自渡，唯有迎难而上者才能将人生的每道槛都化成门。

没有熬不过的凛冬，也没有等不到的春天。愿你历尽风霜后身披铠甲，成为自己的摆渡人。

主动撕裂生命的茧房

幼蚕有两种命运。第一种是蚕虫结茧成蛹后，约两周内会发育成熟，此时若自己打开茧房，便可化蛹成蛾；第二种是等待别人打开茧房，连同蚕茧一起，被缫丝人丢入沸水，茧房打开之时，就是蚕虫消亡之日。一只蚕茧从里面打开，那就是蜕变；从外面打开，那就是灭亡。

人生亦是如此。如果只是躺在舒适区，期待别人来改变千篇一律的生活，只会等来时代的车轮和车轮碾过后剩下的一地碎片。只有主动打破自己，才能不断在揉碎与修复的过程中迎来华丽蜕变。所以我常说，最难做到的自律，是不断从内打破自己。

01

杰克 · 韦尔奇被誉为 "世界第一 CEO"，他担任通用集团 CEO 后，让这家濒临倒闭的公司成长为市值超 4000 亿美元的行业巨头。记者建议他将自己的管理经验写下来，成书出版。

他笑着道："那我得去我的垃圾桶里翻一翻了。"原来，他从不对经验存档，甚至要求公司定期清理内部文件。如此一来，员工在遇到新问题时就不会依赖过往经验，而会根据具体情况具体分析。

这个道理也适用于生活的其他方面。我们在一件事上取得成功后，很容易形成思维定式，认为相同的方法会一直奏效。其实，许多事情表面相似，内部却有不同的逻辑，照搬相同方法不一定会取得理想的结果，只有打破思维的桎梏，重新思考一件事的情境和逻辑，才能找到恰当的方法。

1470 年，马霍梅特率领土耳其舰队与拜占庭交战。由于拜占庭死守金角湾的峡口，土耳其舰队始终不能靠近城池。

一位土耳其士兵提议："不如绕开峡口，让船沿着陆路拐入金角湾。"

其余人则笑他异想天开："船不在海里航行，那还能叫船吗？"

马霍梅特却反问："谁说船一定得在水里？"他与大臣仔细

研究后发现，这个想法虽然大胆，但并非没有可行性。马霍梅特立刻下令让人准备圆木，铺在船下。军队在炮火的掩护下拖着船一点点向金角湾内港靠近。拜占庭人从未想到船还能在陆地上拖行，因此他们在内港看到土耳其舰队时被震惊得不知所措，土耳其舰队因此取得了胜利。

正如诗人阿多尼斯所说："有时阻碍我们脚步的，恰恰是那些不断被证明有效的思维方式。"固守经验主义的藩篱，人就会不断封闭自我，在困境面前束手无策；若打破固有思维，每推翻一堵墙，便多了一条路。

02

《庄子·逍遥游》中有这样一个故事。

一对朋友在外游历时发现一个治疗冻疮的药方。其中的一个人赶紧跑回村里按照药方制药，卖给附近洗衣服的女人们，然后得意扬扬地对妻子说："这次真走运，几天赚了以前半年都赚不到的钱。"

另一个人却觉得，国家正在抵御外敌，若将士们有了这种冻疮药，冬天也能奋勇作战。他千里迢迢地赶赴都城，将药方献给国家，帮助国家在隆冬里打败外敌。君主十分高兴，特将他封为列侯，赐给他大片封地。

面对同样的机会，一个人想的是快速得到眼前的利益，另一个人想的却是家国天下，结果自然判若云泥。一棵树苗生于旷野，就算你没有刻意打理，它也有机会成为参天大树；被栽在花盆里，哪怕你按时浇水、施肥、修剪，最终也只能收获小小的盆栽。人很难通过拽头发将自己提起来，也很难在原有格局中改变自己。想做成大事，就要打破格局，站在高处看问题。看世界的高度够了，人生的高度自然就有了。

03

19世纪在社会心理学领域有一个实验。

实验人员将一群猴子关进笼子，然后从笼子顶部放下一把梯子。一旦有猴子接近出口，笼子就会接通微弱的电流，此时不仅爬梯子的猴子会摔回去，其他猴子也会遭受电击。猴子吃到苦头，很快就不再尝试爬出笼子。

实验人员切断电流，从笼子里取走一只猴子，同时放进一只新猴子。这只新猴子为了逃离笼子立刻跳上梯子，但此时其他害怕电击的猴子将它扯了回来。

每隔一段时间，实验人员都会更换笼子里的猴子，并且每取走一只之前的猴子，就会放进一只新的。直到笼子里的猴子全部被换成新的，此时它们依然会阻挠企图爬出笼子的猴子，尽管它们都不曾遭受电击。

哲学家吉米·罗恩曾说："你是你最常接触的五个人的平均值。"一个人的行为模式很难脱离其所处群体形成的共识，长期处于一个环境无异于困守人生的瓶颈。

可悲的不是不愿努力，而是你所处的环境让你觉得不必努力也能过得很好。想成就非凡的人生，先要突破眼前的环境，领略未曾领略的世界。

04

1956 年，美国为了重振肯塔基州的经济，决定在北科尔滨区兴建多条高速公路。桑德斯与朋友们听说这个消息，打算在未来的高速公路附近开一间加油站，可等他们到了北科尔滨区才发现，那里早已开满加油站与洗车店。原来，许多商人通过内部消息，几个月前便获知这里要修路。眼看先机已失，一些人只好花重金抢购剩余的地皮，争夺所剩无几的市场。而桑德斯查看了附近几公里内的设施，决定在一处较偏的地方开一间快餐店。

高速公路建成后，北科尔滨区的车流量激增。因为加油站数量过多，平摊到每间加油站的利润很低，而桑德斯的餐厅因为没有太多竞争对手，吸引了无数车主，每天生意都很火爆。

面对一条关于公路的消息，多数人联想到汽车，桑德斯联想到吃饭，这就是认知水平的差距。技能可以学习，经验可以复制，到最后，人与人之间其实在比拼认知。一个人带着局限的思维去看问题，则如同自困井中的青蛙，拼命探索也改变不了命运。突破认知黑点，透过事物表象看到背后的区域，才能见微知著，迎刃破局。

作家刘润说过一段话："很多人都陷入一种敷衍式自律的状态，重复那些早已不能刺激自己成长的行为，生活停滞不前，还安慰自己'我是个自律的人'。"自律的意义不是重复，而是改变，是主动撕裂茧房。打破认知的过程虽然会伴随阵痛，却能让你"升级重组"，拥有更广阔的人生。

所谓机缘巧合，不过是厚积薄发

作家刘同曾说："越是低谷，越能看清一个人的本质。"人的一生总会遭遇很多失败，但人们习惯于把失败归咎为环境太恶劣或对手太强大。其实，很多人不是败给了别人，而是败给了自己。那些越活越强大的人早早懂得了以下三大定律。

01

第一个是蘑菇定律。

2009 年是演员拉凯莱爆火的一年，短短几个月内，她接到了许多之前做梦都不敢想的演出邀约。

要知道，一个月前她还只是一个名不见经传的演员。不要说上台演出，连留在剧院都是她拼尽全力才得到的结果。在剧院，她不仅要跑腿打杂，还经常被前辈们欺负和打压。有些人稍不顺心就对她冷嘲热讽，还把平日里不想做的工作全部甩给她。但即使这样，她还是坚持了下来，每天做完所有的杂活后还会一个人默默练习几小时再回家。

情况在一次大型演出后发生了转变。

在那一年的纽约大都会上，由于主演生病，她临危受命成为《木偶之歌》的主唱。要表演这么高难度的歌曲，她的准备时间却只有短短四小时。但令人惊讶的是，她不仅把基础部分唱得非常好，还增加了歌曲难度，刷新了剧场当年的高音纪录。

她的整场演出毫无破绽，结束后，观众席掌声雷动，同行们赞不绝口。她也自此一战成名，成为当时炙手可热的歌手，蜚声海外。

后来有人采访她，希望她分享她能成功的原因，她只说了这样一句话："我很感谢我自己，在那些看不到希望的日子里依然日复一日地坚持练习，否则就算机会来了，我肯定也把握不住。"

哪有什么一夜成名，不过是百炼成钢罢了。

管理学中有个有趣的说法被称为"蘑菇定律"。蘑菇通常生长在阴暗潮湿的角落，得不到关注，没有阳光的呵护，也没有肥料的滋养，只能自生自灭。在这期间，一旦蘑菇放弃生长，便只能成为众多矮蘑菇中的一员，在无尽的黑暗中沉沦一生；但若能坚持下来，长到足够高，就能得到各种滋养，茁壮成长。

其实，蘑菇如此，人也一样，每个人的一生中都会经历一段黑暗期。只有坚守希望，熬过去，才能看到光明。有时候，有人会问我如何才能走出人生阴霾，我都会告诉他"多走几步"。

或许生命里有一些黑暗的时刻，那时我们被看轻、被辜负、被打压。如果我们总是停滞不前、怯懦担忧，就会延长这个黑暗期；反之，如若我们耐得住心烦，咽得下委屈，忍得了寂寞，总会迎来属于自己的高光时刻。

02

第二个是飞轮定律。

骑自行车时你有没有这样的感受：一开始，如果想让自行车轮转起来，需要非常用力地蹬，但是蹬几圈之后，你就会觉得不需要那么用力，轻松多了，这种感觉在加速后放缓的那个临界点特别明显。之后即便你只是把脚轻轻放在踏板上不用力蹬，自行车也会载着你飞快地向前跑。

这就是"飞轮效应"，指达到某一临界点后，自身的重力和冲力会成为推动力的一部分。这时，即使你不再费力气，车轮依旧会快速转动并带动自行车继续向前。你在骑车前期付出的每一分努力，都会变成车轮的助力，让车轮更持久地转下去。

1955 年，一位大学生走出大学校门进入一家陶瓷企业。但没工作多久，他就发现这份工作要求的专业性太强了，自己完全是个门外汉。

为了尽快摸到门道，以前完全没接触过材料学的他每天去图书馆学习专业知识，读遍了行业期刊和其他相关资料。

虽然刚开始，面对完全陌生的领域，他的学习进度很慢，碰到一个不懂的概念可能要翻半小时资料。但难得的是，他没有退缩，而是一步步地坚持了下来。

终于，功夫不负苦心人，他跨过了那个"临界点"。

之后，他对陶瓷专业知识的掌握水平开始爆发式增长，短时间内就研究出一种新型材料，攻克了困扰人们多年的难题，成功研制出制造电视机显像管必不可少的绝缘零部件。

他就是稻盛和夫，40 年亲手创立两家世界 500 强企业的"经营之圣"。

俗话说："万事开头难。"写作文，最难的是写开头；造房子，最难的是打地基。很多事情一开始都需要我们投入大量精力，但当我们熬过艰难的前期，有了一定积累后，就会抵达那个临界点，开启快速进步的人生。

03

第三个是尖毛草定律。

在非洲草原上有一种特殊的草，在最初长了半年后它几乎只有一寸高①，混在其他草里，非常不起眼；但半年后，雨季到来，短短几天它就会迅速长到两米多高，在草原上形成一道"高墙"，让人再也无法忽视，直到人们刨开土地才发现，它的根系长达 28 米！

原来，在之前长达六个月的时间里，它从未停止生长，一直在努力扎根，不动声色地为自己积蓄力量，等待大雨的降临。

很多时候，我们只看到一个人的风光无限，却看不到他在黑暗日子里的默默耕耘。

2015 年，《三体》横空出世，刘慈欣直接斩获有着"科幻界诺贝尔奖"之称的雨果奖。人人都赞叹他的天赋和惊人的想象力，却不知道他从高中开始就坚持创作，也曾无数次被拒稿。

这世上从来没有什么机缘巧合，有的都是厚积薄发。真正优秀的人总在不起眼的角落默默耕耘，在希望渺茫的暗夜沉潜蓄势，忍受孤独和寂寞，不抱怨、不诉苦，一旦机会来临，便能够大放异彩。

---

① 1 寸约合 3.33 厘米。——编者注

人生拼搏大半程，拼的不是运气和聪明，而是毅力。那些能成就大事业的人，可能只不过是比别人多坚持了一点。正所谓"进一寸有一寸的欢喜"，无论生活多苦多难，熬过去总能看到光明。

浅水喧哗，深水沉默

诗人雪莱说过一句话："浅水是喧哗的，深水是沉默的。"

人也是如此。那些浅薄的人，通常喜欢夸夸其谈，虚张声势；而那些真正厉害的人，往往都沉默寡言，守拙示弱。

01

清朝大才子李调元有一次应邀参加一个宴席，宴席上许多才子在炫耀自己的才华，大家互相吹捧抬举，并借此机会结交。而因为他深居简出，众人只闻其名，未见其人，所以都没有认出他来。席中，有个人为了抬高自己，竟扬言自己的才华在大才子李调元之上，甚至对他百般嘲讽，李调元只默默听着，并未多言。

后来，主办官员请众人以包厢里的"大块""玉珠"为首作一副对联，上下联的末尾必须带上"起"字和"来"字。刚刚那些还在自夸才能的人，一时之间，竟无人站出来。

李调元走了出来，挥笔写下一副对联：

> 大块投河，方知文从胡说起
>
> 玉珠击鼓，始信诗由放屁来

原来"大块投河"和"玉珠击鼓"的响声都是"扑通"，在对联中取不通之意，以此嘲笑众人都徒有虚名。这时众人才认出这位正是李调元，刚刚那位扬言自己才华在李调元之上的人，更是尴尬地低下了头。

见识越有限的人，越容易自满；越爱争高下的人，越会暴露自己的无能。

宋代有一位名士自认学识渊博，没人能胜过他，后来他听说诗人杨万里的学问比他还大，非常不服气，便写信给杨万里说要和他比试。杨万里看完信谦和地表示欢迎，并回道："听说你家乡的配盐幽菽非常有名，请您来时顺便捎点。"

这位名士看完信愣住了，他从未听说过这种东西，最后两手空空地来见杨万里。二人见面后，他不好意思地问："您信中提到的配盐幽菽是什么？"杨万里听后默默拿起一本《韵略》翻开，只见书上写着："豉，配盐幽菽也。"这位名士看了才恍然大悟，原来杨万里让他带的只是普普通通的豆豉，他羞愧得无地自容。

不见高山，不显平地；不见大海，不知溪流。高山不语，也削减不了它的巍峨；流水不争，也隐匿不了它的幽深。只有半桶水的人通常叮当作响；有真才实学的人大多低调谦逊，不争风头。

02

真正成熟的人像水一样，在遭遇诽谤和误解时不会去做无谓的解释，也不会费力去辩驳。

北宋时期，有一天，大儒程颐去拜访已卸任的宰相范纯仁。当他们谈起往事时，程颐直言不讳地批评说："当年你有很多事处理得欠妥。在你任宰相的第二年，苏州一带发生了暴民抢粮事件，你本应该在皇帝面前据理直言，可你却什么也没说，导致许多无辜百姓受到伤害。"范纯仁连忙低头道歉。随后，程颐又责怪了他好几件事，范纯仁都坦诚认错。后来，皇帝召见程颐问政。程颐向皇帝畅谈了一番治国安邦之策，皇帝听后感慨地说："你大有当年范相的风范啊！"

程颐不解，皇帝命人抬来一个箱子，指着说："这里面全是范相当年进言的奏折。"程颐这才发现，自己前些天指责范纯仁的那些事情，他早已向皇帝进言，只是由于某些原因他的策略没有被很好地实施。但面对误解，范纯仁并未多做解释，而是低调做好自己能做的事。

在生活中，我们难免会被他人误解，你越去解释，越像掩饰；越急于澄清，反而越说不清。这时，与其用言语证明自己，不如保持沉默。有些误会在时间的沉淀下终会水落石出，有些非议在真相的考验下也会不辩自明。做人做事要问心无愧，清者自清。

03

在《三国演义》中，谋士杨仪是诸葛亮身边的得力干将。当年诸葛亮死于五丈原军中，是他带领蜀汉的主力军回了汉中，也是他平定了魏延的叛乱。可诸葛亮去世后，杨仪并没有得到重用，只被任命为中军师。心怀不满的他不仅四处宣扬自己的功绩，还向蜀汉大臣费祎抱怨，认为自己当初若举兵投靠魏国，今日肯定不会落得如此地步。没想到这番话被费祎当作把柄传给后主刘禅，杨仪因此被削职流放，后来自杀身亡。

当初诸葛亮不对杨仪予以重任是因为他居功自傲，杨仪最后惨淡收场则是因他出言不逊。

张扬只会给自己引来不必要的麻烦和祸患。

东汉名将冯异当初协助光武帝刘秀建立东汉政权，也因此名声显赫。他虽手握重权却十分谦卑，平日里在路上遇到其他将领时，无论对方职位高低，他都会让人将自己的马车驶开避让，等对方走远后再上路。每次带兵打完仗，军官们都会在一起自述战功、炫耀功劳，向刘秀讨赏。这时冯异却会躲在树下乘凉，反思自己在战斗中的得失，对自己的付出只字不提。

后来有大臣因嫉妒冯异，屡屡向刘秀弹劾他。可即便如此，刘秀也并没有产生怀疑，反而因冯异平日里的低调对他愈加信任。

我很喜欢《菜根谭》中的一句话："处世不必邀功，无过便是功。"事只管埋头去做，但功不必去邀。有些东西不求也是你的，他人拿不走。越去求反而越会损失好感。真正聪明的人从来不炫耀、不张扬，不争功才是最大的功。

做人如水，静水流深，深潭无波。不争高下是格局，不辩对错是胸襟，不言功过更是一种难得的清醒。当你见识广了，内心强大了，能干扰和搅动你心绪的东西自然就少了。

人生，就是一场换位的艺术

苏轼的《题西林壁》中有一句诗："横看成岭侧成峰，远近高低各不同。"意思是，横着看、侧着看、远些看、近些看同一座山峰，看到的山峰是不一样的。人生何尝不是如此。很多时候，如果能换个角度、转个方向去看，一些看似无解的困局，也许就柳暗花明了。换位的力量远比你想象的大得多。

01

福特汽车创始人亨利·福特说，假如成功有什么秘诀，那就是站在他人的立场上了解他的想法。罗振宇在演讲中讲述的他的亲身经历就深刻验证了这个道理。

得到过去的供应商一直是阿里云，华为云也想与得到合作，便找到罗振宇，但罗振宇果断拒绝了合作。华为云的一位销售人员并没有轻易放弃，他给罗振宇写了一封邮件，改变了罗振宇的想法并签下了合同。

这封邮件的大概内容是：华为云不是要"赚客户的钱"，而是要"帮客户赚钱"，并且已经帮得到找到一个优质目标客户。得到无须顾虑，即便得到没有选择华为云，上述合作也会被促成。自始至终，这位销售人员都不是只想着推销，而是在实实在在地帮助得到解决问题。

罗振宇说他看完这封邮件，脑子里只有一个念头：好像所有签约前的障碍都被扫得干干净净，已经没有理由不和华为云签合同。

黑石资本创始人苏世民说："处于困境中的人往往只关注自己的问题，而解决问题的途径通常在于你如何解决别人的问题。"

换位思考是一种能力，是一种智慧，更是一种高情商的表现。

02

我侄女是一位"00 后"职场新人，前两天她发微信和我说："我想辞职，受够我们那小气的领导了，年底也不涨工资。"我问她："你能给出领导给你涨工资的三个理由吗？"她哑口无言。

当我们是员工时，很容易觉得老板太不近人情；可当我们是老板时，却会觉得员工不负责任，缺乏执行力。很多时候，矛盾之所以产生，是因为彼此都只站在自己的立场上思考问题。若我们学会换位思考，我们的眼界、格局和行为方式都会与之前大不相同。

我之前任职的公司有一年新来了七八个实习生，刚开始每个实习生争着表现自己，都很努力。但时间久了，大多数实习生发现，不管做多做少都很少被领导夸奖，也几乎不会被责备，再加上实习工资很少，所以都开始变得懒散，自己职责范围之外的工作一点都不愿意做。

唯有一个叫春天的实习生是个例外。她经常留下来加班研究不属于她职责范围的新内容，被领导批评也总是一笑而过，然后马上改正学习。努力不会被辜负，因为心态好、肯吃苦，春天从众多实习生中脱颖而出，几年后也进入公司的中层。

一个人的成就取决于他看问题时所处的高度。如果我们总是抱着"打工者"的心态做事，那么永远都会觉得自己在被剥削、被针对；可如果我们换到领导的立场，就会发现其实自己之所以会有很多埋怨，是因为自己的目光太过局限。

换个立场能让人生轻松许多，也会让路越走越宽。就像一棵桃树如果被种在花盆里，再怎么生长，也不过一尺^①有余；但被种在庭院里，就可以成为枝繁叶茂的大树。

03

有一个脑筋急转弯：一个人要进房间，但那扇门无论如何都推不开，这是什么原因？

有人说门被反锁了，有人说门锁坏了，被卡住了，还有人说这个人的力气太小了。然而，这些答案都不对。自始至终，大家都忽略了一个问题：这扇门不是推开的，而是拉开的。

你看，有时我们遇到问题、冥思苦想，花了很大力气也解决不了，很有可能是思路不对。

遇到问题时不妨先静下心问问自己：真的只能这么解决吗？真的只有这一种解决方法吗？

换个思路看，天地或许会宽广不少。

一个人在国道附近开了一家餐馆，原以为国道的车流量大，餐馆生意肯定很红火。结果，开业后生意非常不景气。这个人做了很多尝试：提供更丰富的菜品，降低菜品的价格，播放吸引人的音乐，制作鲜艳的广告牌，等等，但是他所做的一切都收效甚

---

① 1 尺约合 33.33 厘米。——编者注

微。"如果我是顾客，怎样才会停留呢？"这个人绞尽脑汁，终于想到一个办法，他在餐馆旁边建造了一个厕所，并做了一个非常醒目的标志。果不其然，许多路过的司机为了"方便"，在停车的同时也光顾了这家餐馆。

人生如同钻井，倘若在一个地方总打不出水，你会怎么做？执着的人选择继续坚持，畏难的人干脆放弃，只有一小部分聪明的人会换个地方重新钻井。如果无法直行，那就转弯、绕道、走旁边的路。江河之所以会流向远方，就是因为它善于转弯，做事最怕一条路走到黑，路走不通时换个角度、转个思路，也许你会看到一条全新的出路。就像钱锺书先生所说："换个角度看世界，会收获不同的东西，世界也会因此以另一个面貌展示在你面前。"

正所谓："心有他人天地宽，换位思考心渐亮。"在人生道路上，我们会遇到很多问题，解决问题的方法有很多种，而最好的方法就是学会换位思考。即使前路很难走，换个角度也许就豁然开朗了。

自知之明，是最难得的知识

在《哲人言行录》里，有人问泰勒斯："世界上最难的事是什么？"他不假思索地回答："认识你自己。"的确，在生活中我们经常犯的错误是没有看清自己。错把自己当回事，把人际关系当大事，把平台当本事。

01

莫言曾说："一个人要知道自己的位置，就像一个人知道自己的脸面一样，这是最为清醒的自觉。"

莫言在获得诺贝尔文学奖后声名鹊起、被人追捧，但他却冷静地说："要赶快忘记这个奖项，否则将会在沾沾自喜中迷失自己。"

获诺贝尔文学奖八年后，莫言带着新作品《晚熟的人》与读者见面，在面对采访时他谦虚地说："获诺奖后，我没有偷懒。"

刘慈欣在《三体》里写道："弱小和无知不是生存的障碍，傲慢才是。"太自以为是的人，目光局限在他的一亩三分田里，看不到山外有山、人外有人。

懂得放低自己的人才不会因骄纵而惹人生厌，不会因自傲而止步不前。他们深知，自己处在这个位置，有一群人在后面穷追不舍，还有一群人遥遥领先。

水因善下方成海，山不争高自成峰。不骄不躁、保持空杯心态^①的人，才能在人生路上行稳致远。

02

有一个很有意思的故事。

孙悟空刚从石头里蹦出来时，只能和一群猴子玩；学好本领后，却可以和牛魔王称兄道弟。大闹天宫前，巨灵神都不把他放在眼里；大闹天宫后，各路神仙对他毕恭毕敬。到雷音寺前，他

---

① 如果想学到更多学问，要先把自己想象成一个空着的杯子，不要骄傲自满。——编者注

对菩萨得合掌执礼；成了斗战圣佛后，他和菩萨平起平坐。

孙悟空的故事大概就是现实的写照：你处于什么层次，就会认识什么样的人。

但很多人看不透这点，他们苦心经营各种关系，最后也不过是成为别人通信列表中的一个名字；他们积极结交各种行业大咖，可有事相求时却吃了许多闭门羹。

这着实印证了一个道理：那些急于结识别人的人，往往就是别人最不想结识的人。

俗话说："岭深常得蛟龙在，梧高自有凤凰栖。"你若没有价值，身处任何圈子都无人问津，你的价值越大，磁场才会越强。

在一个企业家发展年会的晚宴上，许多人忙着举杯寒暄、交换名片，希望多个朋友多条路。只有曹德旺与众不同，旁若无人地直接坐下来吃东西。他不需要结交更多朋友吗？不是，他只是不需要用这种方式建关系网。

他的人缘超乎大家的想象。

作为在商圈颇具影响力的人物，有无数公司想与曹德旺合作。作为世界第一大汽车玻璃供应商，福耀集团在美国五个州都建了工厂，俄亥俄州州长曾亲自表彰曹德旺。我们常说的人际关系其实是一场旗鼓相当的交往，你为别人撑伞遮雨，别人自会为你铺路架桥。

03

《华盛顿邮报》做过一项社会实验。

地铁站里，一位街头艺人用小提琴演奏了一首世界名曲，只有六个人驻足聆听，总共收到 32 美元的小费。

但这位街头艺人正是世界上最厉害的音乐家之一——约夏·贝尔。在实验开始的前两天，约夏·贝尔才在波士顿剧院演出同样的乐曲，那时门票虽然要 200 美元，可仍然座无虚席。

有时你会发现，你之所以成功，可能不仅是因为你有才华，还因为你处于好的平台。

但是很多人总是误把平台的成功当作自己的本事。有些在世界 500 强企业就职的人，跟人交流时动辄就提公司的名字，处处显露优越感；有些在待遇优渥的互联网企业工作的人，拿着丰厚薪酬，享受各种福利，以为高枕无忧。

但无论你是身居高位的管理者，还是有一技之长的技术人员，你是否问过自己一个问题：若告别现在这家公司、这个岗位，你还能顺利找到一份满意的工作吗？

在工作中，别人尊敬的可能不是你，而是你身后的平台。那些强大且清醒的人会依靠平台更上一层楼，让自己没有大平台也能独当一面。

近两年，一些互联网企业传来裁员的消息，在这样的情况下很多人都惴惴不安，我的一个朋友却有了辞职的念头。我知道后赶忙劝止他："别人整天为裁员忧心忡忡，你倒好，自己拉开'保险栓'。"朋友却不以为意地说："不碍事，工作机会总是有的。"果然，在家还没待几天，就有一家公司给他开出涨薪15%的条件，还有一家行业领先的公司允诺朋友若去工作会给他股权。

究其原因，我这位朋友本身就技术精湛、能力突出，别人有解决不了的技术问题都会请教他。同时，他在网上时不时分享一些"技术贴"，帖子质量很高，他也因此在程序员的圈子里颇有名气。

弱者把平台当成自己的本事，强者把平台当成修炼场。若你离开现在的位置，能凭自身真刀真枪地拼本事，才是真的有能力。

西班牙有句谚语："自知之明，是最难得的知识。"

人如果没有一个清晰的自我认识，就容易误入歧途。学会摆正心态、找准位置，才能成为更好的自己。

能扛住多大的事，就能成就多大的事

01

巴顿将军有句话说得特别好："衡量一个人成功的标准，不是看这个人站在顶峰的时候，而是看这个人从顶峰跌落低谷之后的反弹力。"遭遇生活打击时，能扛得住重压并且反击的人才是真正的强者。

有一位男生特别励志，18岁以前，他父亲开公司，家里吃穿不愁，他每天最大的烦恼大概就是如何在考试中多考几分。可在他18岁那年，父亲做生意失利、被人坑骗，欠的银行贷款和外债共七八百万元。

母亲整日消沉，他好几次看到她半夜流眼泪；弟弟没人管束，经常凌晨才回家。他不想再看到母亲哭，也不愿这个家就这么垮了，便一把将压力扛到自己的身上。他放弃了心心念念的外省名校，选择了本省的大学，方便照顾母亲。

为了还债，他一个人租场地办起了补习班，顶着大太阳，在学校门口发宣传单招生。

不停地备课、讲课，说话说到嗓子哑了，就靠润喉糖挺过去。那个暑假，他挣了 65900 元，吃喝只花了 600 元。虽然离还清贷款和外债还有很大的距离，但他也算撑起了这个家，至少不用担心哪天突然没有房子住。

看到这位男生身上的韧性，我相信，不管将来发生什么都无法打倒他。

有句话说得好，你能扛住多大的事，就能成就多大的事。古往今来，那些取得巨大成功的人，都特别能扛事。很多人屡败屡战，越挫越勇，终有所成。

司马迁扛住了宫刑之痛，写出流传千古的《史记》；苏轼多次被贬，但每到一个地方都能活出自己的滋味；罗永浩欠债六亿元却未被吓倒，尝试直播卖货后不到两年就还完了大部分债。

奥地利诗人里尔克说过一句话："哪有什么胜利可言，挺住就意味着一切。"这个世界上没有永远的一帆风顺，也没有轻易获得的功成名就。优秀和风光背后，多的是不为人知的疼痛和煎熬。摔倒了别灰心，爬起来再战就是。

02

《反脆弱》一书中有两类人。第一类人是"达摩克利斯",头上悬着一把用一根马鬃吊着的剑,看似一切平静,实则难以抵抗任何风险,剑随时有可能掉下来。第二类人是"九头蛇",遇强则更强。

遇事时,是被困难杀死还是因困难更强大,全看我们用什么姿态应对。

第一,遇事别着急,绵绵用力,久久为功。

曾经有人问鲁豫:"节目做了十几年,你采访过无数人,你觉得他们身上最可贵的是什么?"鲁豫平静地说:"不着急。"鲁豫采访过的每一个人,哪怕是最成功的人,也都曾有失意到觉得人生几乎不能更黑暗的时刻,但他们都不着急,能熬、能坚持。

人这一生,会有静浪,也会有摇晃。如果命运的浪花打到头上,别着急,更别放弃。暂且蛰伏,绵绵用力,久久为功,将大困难化解为小麻烦,一点点解决。

第二,乐观生活,抗拒不了命运就享受命运。

有一位快递小哥在送啤酒的过程中不小心与另一辆摩托车相撞,啤酒洒了一地。路过的城管因为担心他前来询问。他看了看地上的啤酒,捡起未破损的两瓶,一瓶递给城管,一瓶自己喝了。

乐观者在灾祸中看到机会，悲观者在机会中看到灾祸。生活中总有突如其来的大大小小的打击，我们无法预测也抗拒不了。唯有学会享受它，才能更好地过完这一生。

哲学家罗素曾说："人生就像条河，开头河身狭窄，夹在两岸之间，河水奔腾咆哮，流过巨石，飞下悬崖。后来河面逐渐展宽，两岸离得越来越远，河水也流得较为平缓，最后流进大海，与海水浑然一体。"

人这一生，从来不缺一些让生活天翻地覆的事，但无论遭遇什么，千万别灰心丧气，咬紧牙关挺住。一寸一寸地熬，一关一关地过，总有一天，那些受伤的地方会变成最强壮的地方。

自律・在工作中修炼自己

不再抱怨，在工作中修炼自己

01

杰克·韦尔奇曾被誉为"世界第一CEO"。1961年，韦尔奇在通用电气公司工作一年了，因为工作能力出众，对公司做出了重大贡献，他得到了极高的年度评语。

公司给他涨了1000美元的薪水，韦尔奇欣喜万分，以为这是因为公司肯定他的价值。但未曾料到，办公室中其他人的涨薪幅度和他一样，韦尔奇对此颇为不满，他认为自己付出的更多，理应拿更多的报酬。

韦尔奇去找公司理论，得到的解释是：这是预先确定的工资浮动标准。

这个答案并不能让韦尔奇满意，他觉得公司在员工薪水问题上应该区别对待。为此，韦尔奇终日满腹牢骚，一天比一天丧气，甚至产生了辞职的念头。

一天，部门负责人把韦尔奇叫到办公室，语重心长地对他说："你来公司虽然只有一年时间，但我很欣赏你的才华与工作热情。以后的路长着呢，整日抱怨、无心工作，只会浪费了通用电气公司这个大舞台，难道你不希望有一天能站到这个大舞台的中间吗？"

这时他才幡然醒悟，不再做无用的抱怨，而是持续发挥才能，崭露锋芒。后来他成为项目负责人，带领团队攻坚克难，还毛遂自荐成为加工厂的负责人，引领了制造业的材料革命。

七年后，年仅 33 岁的他成为通用公司有史以来最年轻的 CEO。

回顾职业生涯，韦尔奇把和上司的那次谈话称为改变命运的一次谈话。

02

我请过一位姓陈的家政阿姨，陈阿姨和我说，她之前服务过的雇主像火药桶一样，一点就爆炸。

有一次，她要清洗地板，担心水会溅湿鞋子，就先把鞋子放在阳台上，忙着忙着，她忘记把鞋子复归原位。结果，雇主因这事狠狠把她奚落了一番。不仅如此，如果出现墙壁上有水渍、垃圾桶没倒干净等情况，雇主就会暴跳如雷地指着陈阿姨的鼻子责备她。有时候对方甚至会专门趴在地上找头发，盯着一些死角找灰尘，挑各种毛病。

那段时间，陈阿姨逢人就大吐苦水，抱怨她的雇主吹毛求疵，但越这样抱怨，日子越压抑。

时间长了，她觉得自己状态不对，就开始尝试转变念头："虽然这种苛刻的雇主让人讨厌，但按这种标准要求自己，未必是坏事。"

于是，她开始研究市面上各种清洁剂，研究它们哪种适合除油污，哪种适合擦木地板，把各种清洁剂的特性摸得一清二楚。她上门服务时会带上两套擦洗工具，用一套工具擦洗完一遍，再用另一套工具清洁一遍。她还会把要做的事列一个清单，标明做每件事的步骤和注意事项，以防疏忽和遗漏。

自那以后，她被骂的次数越来越少。即便后来她不再为这个雇主服务，她仍抱着这样的态度去工作。

渐渐地，陈阿姨的工作得到了很多雇主的认可，在家政市场里变得抢手。

03

作家威廉·亚瑟·沃德说过："悲观者埋怨刮风，乐观者静候风变，现实者调整风向。"

韦尔奇若没有及时醒悟，即使再优秀也会在抱怨中泯然众人；陈阿姨转变心境，积极与困难较劲，才成了抢手的雇员。韦尔奇和陈阿姨两个人看似毫不相关，但他们的经历却是成年人生活的真实写照。

大到掌舵一家公司，小到成为一个钟点工，做什么工作都会遇到难题和不公平，而一个人面对挑战的态度往往决定了他在工作上的高度。人一旦习惯了抱怨，就会画地为牢，陷入习得性无助，遇到困难的第一反应不是如何解决，而是消极抱怨，此时困难就像蜂音器，人就会被困于负能量带来的消极影响。

我认识一位影视行业的前辈，他向我谈起一件往事。有一年，因为承接了一家公司宣传片的拍摄任务，他和部门领导出差去深圳。可公司突然交给他们部门一个紧急任务，要求在三天内剪好一个五分钟的短片。他一边发牢骚一边不情不愿地加班。

好不容易在出差前一天晚上 12 点把短片赶了出来，公司却为了节省开支，给他们订了第二天最早的航班。一路上，他顶着黑眼圈，心里不舒服极了。

等到会见客户时，客户只有一二十万元的预算，却以风靡一时的东京城市宣传片为制作标准，要求既要有创意，又要有三维动画特效、大量航拍镜头，惹得他刚出门就开始破口大骂。

讲到这里，这位前辈特意问我，遇到这些事，他的反应算是正常的吗？我点了点头。

他却说那位领导给他示范了另一种态度。当他抱怨不断时，他的领导只关心视频成品的质量，一帧一帧地检查细节；当他骂客户无理取闹时，领导已经拿起笔在纸上写写画画，从前期摄影到后期配音、动画，一步不落地计算成本，认真考虑这个项目是否有接的必要。

这次出差经历让前辈幡然醒悟：人和人的差距就是这样慢慢拉开的。他一直留意硌脚的沙子，滚进一粒沙子就抱怨一次。但他的领导完全不在意脚下的沙子有多少，只管走他的路。

比尔·盖茨说过："要学会接受不可避免的现实，学着去应付缺陷带来的问题，并且不为此而抱怨。"面对问题，心生抱怨是一种本能，解决问题却是一种本事。与其把时间和精力花在无用的抱怨上，不如以积极的心态提升自己。

有人问建筑大师贝聿铭："你怎么看待外界对你的挑剔？"贝聿铭毫不在意地说："我从来没有考虑过这些问题，因为我一直沉浸在如何解决问题中。"

很少有一份工作是不委屈的，每一份工作都是你和自己的较量。你不再抱怨工作时，就是你变强大的开始。

把工作做好就是对生活的最好疗愈

我有位朋友特别害怕周一,一到周一早上就浑身不舒服,经常嚷着不想上班。

其实,少有人喜欢上班,但态度决定高度。我们越是消极、抵触,越容易陷入恶性循环,工作只会越糟糕。

所以,想改变工作现状,要先改变态度。学会收起委屈,藏好情绪,拒绝内耗,把工作做好就是对生活的最好疗愈。

01

在吉利汽车初创时期,创始人李书福用价格优势打开了国内市场,但使吉利成了廉价低端的代名词,甚至被人嘲笑。

李书福很是憋屈:"我一不偷、二不抢,每天从早晨6点半工作到晚上 11 点，辛辛苦苦办企业，为什么别人总嘲笑我？"但他没有沉溺于自怜的情绪，开始实施全方位战略转型，收购国外整车和零部件厂商，最后把沃尔沃纳入旗下，让所有人对他刮目相看。

你在工作中可能会经历许多挫折，你兢兢业业地加班加点，领导还嫌你不够努力；你真诚待人，同事却不会回以真诚。

一个人越是成功，要咽下的委屈也就越多。

我有位朋友在大厂就职，上一年年终拿到了股权奖励，让我们心生羡慕。但事实上，他刚工作的那几年也非常难熬。

因为他的部门小领导与另一个员工私交甚笃，所以每次都把"吃力不讨好"的工作分配给他；年终评定绩效时，却常常把 A 级绩效留给那位员工。

他对领导的做法也心生不满，但心中明白，这家公司对他来说是最好的平台，所以该做事时他仍一丝不苟地完成。

职场人会有一段不受重视的时期，在那时可能会接受各种无端的批评、指责，甚至会代人受过，得不到必要的指导和提携。这是在工作中，每个人都会经历的一个过程。

人生风雨无数，若我们学会吞下抱怨，扛住磨难，日拱一卒地精进，一定会迎来春光明媚。

02

有一年，"股神"巴菲特犯下严重错误，造成公司上市以来的最低营收。在致股东的公开信上，巴菲特自我反省道："当市场需要我重新审视自己的投资决策，并迅速采取行动时，我却陷入了情绪上的波动。"

高手都懂得极力克制情绪，他们明白，任情绪发酵，是工作上的一个大忌。对领导而言，如果你情绪不稳定，就像一颗定时炸弹一样，容易捅出大娄子；对自己而言，如果你一味地沉浸在坏情绪中，只会降低工作效率。

作家渡边淳一在《钝感力》一书中写过一个故事：他实习的医院有一位教授级的医生，虽然医术高明，但很喜欢指责助手："手脚太慢了。""快点儿，工具拿牢些。""你眼睛往哪儿看呢？"

很多实习医生一听到自己被安排为他的助手，就闷闷不乐。手术前，他们情绪紧张不已，生怕挨骂；手术后，又负能量爆棚，心情非常糟糕。

其中有一位 S 医生却与众不同，不管那位教授级医生如何指责，S 医生总是态度诚恳地应下来，然后专心致志地学习如何做手术。手术结束后，他把批评忘得一干二净，舒舒服服地泡个澡，继续和同事们谈笑风生。就这样，S 医生成了同辈医生中手术方面进步最快的一位。

收拾好心情，才能驾驭好工作。与其成为情绪的奴隶，不如摆脱情绪的枷锁，把工作做到极致。

03

在工作中，拖累我们前进步伐的，往往不是能力或水平，而是自我拉扯。被老板批评工作没做好，就一个劲儿琢磨老板的话，陷入深深的自我怀疑；接到一个重大的项目，就愁肠百结，唯恐把它搞砸。如此胡思乱想，浪费的是大量的时间和精力。

我看过一个名为《先干了再说》的短片，讲的是突如其来的疫情让很多人陷入窘境。失业的小伙子担心的是：疫情前辞职了，还能找到工作吗？餐饮店老板忧虑的是：三个月没进账，店还能开下去吗？

一直瞎操心，对处境毫无帮助。他们在短暂的纠结之后，纷纷开始行动。小伙子在没找到合适的工作之前成了一名网约车司机；餐饮店老板带着所有员工，卖起了平价蔬菜……

最后他们都熬过了自己认为最难的那一关。

作家洪晃曾是一位重度拖延症患者，有一次她在准备一个PPT，已经在心中计划好了PPT大纲，但行动迟迟没跟上。

为何？她觉得自己不擅长做PPT，既怕自己做不好，又怕做出来不被认可。种种思虑缠绕着她，想法越多越不敢开始。最终，计划沦为一纸空谈。

人生总会遇到左右为难的事，如果你在做与不做之间纠结，那么，不要反复推演，立即去做。清空纷杂思绪，做好眼前之事，你会发现那些焦虑会在行动中烟消云散。

熬得苦尽甘来，等到春暖花开

我问过很多人在什么时候不想工作，很多人都告诉我，每时每刻。的确，"不想工作""不想努力了"成了一部分年轻人经常挂在嘴边的话。当然，对很多人来说，这不过是一句自嘲，不工作几乎是不可能的。若有朝一日，你真的不想工作了，不妨去以下这四个地方走一走。

01

如果你不想工作了，去劳务市场走一走。

比工作更痛苦的是没有工作可以做。每个城市的劳务市场都活跃着一部分这个城市里最艰难的人，他们没有学历，没有背景，甚至没有技能，只能做些力气活来赚钱。前一天晚上他们或许还在熬夜干活，但第二天早上天还没亮，他们又要蹲守在这里。毕竟早一点来，机会就多一点。

他们总是三五成群地站在路边，要么闲聊，要么发呆。但他们都非常警觉，只要看到有雇主过来立刻蜂拥而上："老板，有活吗，要人吗？"被选中的人，佝偻着站到雇主身后；没被选中的人，脸上的笑容瞬间消失，无声地回到原来的位置。

他们大多是短工、临时工，干一份活结一份工钱，干一天活结一天工钱。遇到人多活少的情况，工钱还会被压低，毕竟你不干有人抢着干，他们大多带着"有钱赚总比没钱赚强"的心态，只好接受。这天没有出工，这天就没有收入，就意味着往后的生活更拮据。白天，他们跑到这里来"趴活"，晚上则住在廉价的出租屋里。

你永远无法想象，有些人光是活着就已经拼尽全力。与他们相比，我们能坐在宽敞明亮的办公室，做着一份还算体面的工作，是多么幸运，这份工作又是多少人梦寐以求的。

02

如果你不想工作了，去图书馆看一看。

以前，我在北京上班，感到疲惫的时候都会去图书馆。

如果想在图书馆找到一个座位，就必须赶在开馆前到达。一旦到晚了，图书馆通常座无虚席，几乎很难找到位置。有很多人在图书馆开馆时来，一直到闭馆才离开，中午吃个简餐或面包应付一下，累了困了趴在桌子上小憩一会儿，醒来继续埋头工作、看书。

工作日要上班，周末时还要这么努力，他们不累吗，不想休息吗？当然累，他们也可以像很多人那样窝在家睡懒觉、看剧、刷短视频，但他们选择了在休息时间继续工作、学习，努力充电。

看到他们，我总会因为自己不求上进、虚度时间感到自惭形秽。

这个世界上，真的有很多人依然怀揣着热忱和梦想，在默默努力。如果你看到那些坚定的目光、努力的背影，或许也会浑身充满力量。

03

如果你不想工作了，去凌晨的街头走一走。

有人说，凌晨的街头一半是努力花钱的人，一半是拼命挣钱的人。

　　对生活感到绝望的人喝得酩酊大醉，游荡在大街上；对生活失去激情的人漫无目的地走着，身影被路灯拉得很长；那些无家可归的人蜷缩在公共座椅上，或者在快餐店里……

　　想一想，如果没有工作，没有收入，你会是什么样子的？

　　你以为凌晨的城市被按下了暂停键，一切进入寂静，但现实却并非如此。被老板斥责后，刚加完班的年轻白领从写字楼走出来；为了多赚一点配送费的外卖小哥，依然穿梭在大街小巷；农贸市场、批发市场已经热闹起来，人们开始忙碌；早餐店陆续开张，店里冒着热气；环卫工人走上街头，把街道一点点打扫干净……

　　见过凌晨的街头你就会明白，城市并没有因为黑夜而停止运转，人们也没有因此停下脚步。没有谁的生活是容易的，所有人都在努力生活。

　　莫泊桑说："生活没有那么好，但也没有那么糟。"穿过凌晨的黑暗，就能见到黎明的曙光。用力地活着，早晚有一盏灯会为你点亮，有一处房子能让你安身。

<h2 style="text-align:center">04</h2>

　　如果你不想工作了，去医院看一看。

成年人经常会聊起一个话题：努力工作的意义到底是什么？在我看来，努力工作、好好赚钱的意义，就是给家人一份安全感，让他们可以更从容地生活。没有比这更朴素、更伟大的意义了。

作家张晓风在《这杯咖啡的温度刚好》中写道："如果容许我多宣布一天公定假日，我一定这样规定：这一天不能用来娱乐或旅行，而是强迫人们去医院参观一下人类的'生老病死'。"

如果你不想上班了，就去医院看一看吧。工作虽然很累，但赚到的钱可以托举一个家庭的幸福。

没有一份工作不委屈、不辛苦，也没有一种成功是一蹴而就的。只是有人选择了硬扛，有人选择了逃避。

没有人在工作中不会犯错，没有人会不经受挫折，也没有人总是情绪稳定，只是有人快速整理好了情绪，有人沉湎于悲伤无法自拔。

泰戈尔说："你今天受的苦、吃的亏、担的责、扛的罪、忍的痛，到最后都会变成光，照亮你的路。"你要熬，熬到苦尽甘来；你要等，等到春暖花开。生活仍在继续，凡是打不倒你的，终将让你强大。

承受得起"委屈成本"

01

上周，有个朋友向我哭诉，说自己想要辞职，一秒也待不下去了。

她入职这家公司才两个月，但每天都很不快乐。她性格很内向，不善于表达，只知道勤勤恳恳做事。因为不懂得与别人打交道，她被同事排挤；因为不擅长表现自己，不被领导重视。

"为什么我明明做了很多事，结果还不如别人动动嘴皮子？"她在电话那端气愤地倾诉自己的遭遇，隔着手机，我都能感受到她的委屈。

可是仔细想想，在职场中，谁又没有经历过这样的时刻呢？

刚上班的职场新人赶了两个通宵，终于把策划案做了出来，却被领导批评工作效率太低；外卖小哥在暴风雪中给顾客送餐，路上摔了一跤，没能及时把餐送到，被用户谩骂，又收到了差评；销售员为了拿下一单生意，硬着头皮陪客户喝酒，最后生意没拿下，自己却进了医院……

成年人的世界，没有哪份工作不委屈，没有谁比谁更轻松如意。若要计较，桩桩件件都藏着委屈。之前看过一句话大概是这样说的：你的工资里，本来就有一部分是支付给你的委屈费。虽然这话不好听，但不无道理。

抱怨在某种程度上是最无用的情绪。调整好心态，用实力证明自己，才是成年人应采取的做法。

02

有时候我们总以为，只有自己承受着不公的待遇。实际上，我们承受的委屈通常也是大多数人的经历。

董明珠刚到格力的时候不太懂营销，那时候她被派到安徽去开拓市场。刚到安徽，她就接手了前业务员留下的烂摊子——向经销商追货款。

有个经销商欠下 42 万元的货款，迟迟不肯还。董明珠直接找到老板牛经理，牛经理一听是要钱的，态度马上冷下来："你一个新人做过生意吗？我仓库压了那么多货，还没卖出去，现在要什么钱？"

为了追货款，董明珠天天去牛经理的办公室"报到"。每天早上去得比员工早，晚上走得比员工晚，但没想到这个牛经理很会躲，就没在办公室出现过。她想尽各种办法，甚至找到牛经理的员工，动之以情，晓之以理，说服他们成为自己的"眼线"。

经过 40 天的围追堵截，这一天牛经理终于答应以货抵债。第二天一大早，董明珠就带着一辆租来的卡车一趟趟地把格力的产品从仓库搬到卡车上。整个过程中即使累得气喘吁吁，董明珠也不肯停下来歇一会儿，直到把所有货物搬完。在回去的路上她才崩溃地大哭起来。

委屈吗？当然，明明是别人留下的烂摊子，却要自己去收拾。难过吗？当然，作为一个新人，她为了追债到处堵人，受尽了白眼。但她顾不上自怜自叹，没有时间抱怨什么，一心只想追回货款。

董明珠说过一句话："职场上，最降低工作效率的事不是刷淘宝、不是聊微信，而是'玻璃心'。"

工作中总是充斥着大大小小的委屈。也许是领导不认可，同事关系复杂，又或者是遇到了难缠的客户。但成熟的人早就学会了吞下抱怨，咽下委屈，默默解决问题。

03

我一个堂弟刚参加工作那年，曾深夜打电话向我倒苦水。那时他刚失恋不久，又碰上难缠的客户，忍不住和人大吵了一架。后来主管给他两个选择：上门道歉或立马走人。

"他先欺负人的，凭什么我道歉？我不干了还不行吗！"愤懑不已的他在电话那头一连抱怨了半小时。等他情绪平静下来后，我给他讲了我早前在报社时经历的两件事。

第一件事发生在我参加工作的第三年。有一个我带的新记者没有经过审核就发了稿，结果内容出了点小问题。主任当着所有同事的面，劈头盖脸地训了我整整48分钟，时隔多年我依然记得清清楚楚。

那天我绕着单位旁边的湖跑了整整五圈。此后，凡是经手的稿件，我都要检查两遍以上，一个字一个标点地校对。

第二件事发生在我刚做主编那会儿，有一回因为临时撤稿开了天窗，办公室中所有同事急得团团转，我赶紧想了主题，联系了两位资深作者，求人家马上开写。

然后一伙人校对、排版，忙活到凌晨，终于顺利交付印刷。

很多年后再回想起这两件事，我依然感触很深。你问我委屈吗？当然。新记者工作失误，为什么错全在我？你问我着急吗？当然。要知道，开天窗对报刊来说是绝对不允许的。但我更知道，再委屈、再着急也没用。我要做的是把眼前的事处理好，是用成绩证明自己。

我将毕业时老师送我的一番话原封不动地送给了堂弟："在职场，要戒掉你的'玻璃心'和那些无谓的情绪。把活做完，把事做好，才是一个职场人的基本素养。"

没有谁比谁更容易。在生活中会有某些时刻，你的内心有无数想要放弃的念头。委屈了就想回家，工作不顺就想辞职。可是，家不是想回就能回，工作也不是想辞就能辞，毕竟生活需要钱。

成年人的世界，哪有什么说走就走的潇洒。工作虽然很累也很难，但它带来的回报能够治愈我们的不安。

<h1 style="text-align:center">04</h1>

我看过一个很有意思的词语——委屈成本，它是指你陷入情绪一分钟，就会损失一分钟。

假设你在工作中被领导批评了一分钟，接下来的两小时你都闷闷不乐，那么这两小时就是你的委屈成本。有时候我们之所以没有做出成绩，可能是因为付出了太大的委屈成本。

如果你想避免这样的无谓损失，关键在于别太把自己当回事儿。心理学中有一个"焦点效应",指的是人们在潜意识中把自己看作世界的中心,高估别人对自己的关注程度。但实际上大家都很忙,没有人会一直盯着你。

别太把自己当回事儿,能减少许多不必要的内耗。很多时候,真正消耗我们的不是别人的看法,不是领导的批评,而是自己不受控的情绪。与其抱怨、沉浸在委屈中,不如行动。只要动起来,你就解决了80%的难题。

燃烧的斗魂：成为旋涡的中心

一次，日本"经营之圣"稻盛和夫在一家酒店住宿。路过前台时，酒店经理向他请教："一个人成功的秘诀是什么？"

稻盛和夫毫不迟疑地回答："成为自燃性的人。"

经理不解，稻盛和夫耐心讲解，物质有不燃性、可燃性和自燃性三种形态。同样，人也可以分为三种。第一种是点火也烧不起来的不燃性的人，第二种是点火就燃烧的可燃性的人，第三种是自己就能燃烧的自燃性的人。要想成就某项事业，就必须成为自己就能够燃烧的人。

01

前年，我们公司来了两位实习生。

一位实习生专注于自己的本职工作，从不插手别人的事情。该他做的，他绝不推脱；不该他管的，他也不会越界。把自己的工作范围界定得清清楚楚。

另一位特别爱多管"闲事"。运营部门的会议，他要参加；课程团队的事情，他有建议；就连电商部门的事，他也关心。甚至，在一次会议上，领导提出一个新的想法，其他领导都没发言，他连忙发言，给出几条改进意见。

两个月后，公司进行转正考核。只有后一位实习生留了下来。前一位不理解，找到部门主管了解情况。

主管什么话都没说，只把二人的实习报告发给了他。前一个人的报告草草百来字，内容也没有什么出彩之处。与之相比，后一个人的报告有章有节共几千字，从自己的本职工作谈到其他相关业务，思考周详。

弱者给自己找理由，强者给自己找挑战。有的人认为工作就是给公司打工，做一天和尚撞一天钟，结果把起步的那一段时间活成了一辈子；有的人把工作当成自己的事业，不断提升自己，努力拓宽边界，成就精彩人生。

就像我上面说的那两位实习生。前一位还在考虑给哪家公司投简历，后一位刚刚履新副主编了。

02

之前看阿比吉特·班纳吉和埃斯特·迪弗洛两位作者写的《贫穷的本质》，里面有个故事让我印象特别深刻。

很多年前，在法国巴黎的一个小镇上住着一位裁缝。他年轻的时候向当地最负盛名的老裁缝学习过一段时间，会些简单的服装设计，加上小镇上的服装店本就不多，所以他做的衣服受到了大家的喜爱。那时，他在当地颇有名气，凡是到店里来的，几乎都会找他做衣服。

可好景不长，随着时代不断进步，人们的审美也发生变化，但是他的设计理念还停留在过去。顾客想要流行的扎染裙，他表示没听说过；顾客让他设计一些新款，但他做出来的总是老几样。时间一久，他的顾客越来越少。

有朋友劝他有空多看看时尚杂志，以更新设计理念，留住顾客。他却说："拿多少钱做多少事，我只负责把衣服做出来，能不能留住顾客是老板的事情，我费什么心？"

后来，几个服装设计专业的毕业生来到店里，他们做出来的衣服更时髦，样式也更受顾客欢迎。没过多久，老板就把他辞退了。

网络上有个叫"自律打工人"的小组，里面有一句特别真实的话："为什么很多人工作多年却依旧感慨没有傍身之技？为什么很多人到了三十几岁还因不知路在何方而迷茫？归根结底，是因为一直以来，他们都只是那个敲钟的小和尚，每天浑浑噩噩，得过且过。"

就像那个裁缝，他始终将工作视为自己付出劳动、收获工资的过程，秉持"给多少钱，出多少力"的理念，自我设限，故步自封。最后亲手封上了自己的成长路径，被日新月异的职场淘汰出局。

我见过太多上午打瞌睡、中午摸鱼、下午熬时间的人，他们就像一块块冷漠坚硬的石头，自己燃不起来，别人也点不燃。到最后，所有在工作中偷过的懒，都会变成打在脸上的巴掌。

03

曾被《时代》杂志誉为"人类潜能的导师"的史蒂芬·柯维曾说："主动作为，而不是被动听命。"

人若要有所成就，就必须自己点燃自己，成为主动作为的人。

作家李尚龙念大学的时候，每天都会把自己关在房间里一小时苦练英文，从未间断。大学四年，除了上课，他几乎每天都在图书馆度过。终于，在毕业那年，他成了新东方的一名英语老师。

从当老师的第一天开始，他每天坚持写逐字稿，保证两小时的课能有 20 倍以上的备课量才上讲台。

工作一段时间后，他不想再过一成不变的生活了，于是他决定做些改变：待在家里读书、看电影；推掉所有业余活动，坚持写作。两年后，他出版了他的第一本书。

那年的签售会上，读者们纷纷问他成功的秘诀。他说，没有什么特别的方法，真正的方法只有一个，那就是——永远在路上，绝对不停歇。

平庸的人遇到痛苦就逃避，优秀的人不怕吃苦，杰出的人"自找苦吃"。

想照亮自己的人生，你应该自我施压、主动作为，成为自燃性的人。

自知、自省、自律

有朋友问过我这样一个问题："当别人都在一步步向成功迈进，而你却一直在原地踏步时，你该怎么办？"

我回答了一句话："与其临渊羡鱼，不如退而结网。"

比仰望别人更有意义的是掌握好人生的三把"钥匙"，不断提升自己，完善自己。

01

第一把钥匙：自知。

老子说："知人者智，自知者明。"能认清别人是一种小聪明，但能认清自己，却是一种大智慧。

汉高祖刘邦即位后，在洛阳大摆庆功宴，宴上他高兴地问各位大臣："你们说，我为何能得天下，而项羽又为何失了天下？"

大臣们听了，你一言我一语地说着恭维话："因为陛下能论功行赏，而且奖罚分明""因为陛下能兑现承诺，一言九鼎"……

刘邦听着大臣们的溢美之辞，却摇摇头说自己"运筹帷幄不如张良，调兵遣将不如韩信，供需粮草处理政务不如萧何，之所以能有今天，全靠大家的鼎力相助"。

功成名就之时，却连说三个"不如"，这不是刘邦过度谦虚，而是他对自己有着清醒的认知，明白自己的优缺点。楚汉之争中，他深知自己能力有限，所以从不独断专行，能做到知人善任，人尽其才。

人贵有自知之明。做人，只有对自己有足够的认识，才能找准位置和方向，更好地把握自己。

作家塞缪尔·巴特勒说："有自知之明的人，常常转动心中的明镜鉴照自己。"要想成长，应先自知。自知，才能自渡、自救、自强，才能更好地发展自我，超越自我。

02

第二把钥匙：自省。

孟子说："行有不得，反求诸己。"大意是事情做不成的时候，要多多反省自我。反躬自省，是一个人根植于内心的教养，也是助力成长的一种绝佳方法。

晚清名臣曾国藩一直保持着写日记的习惯，而他的日记大多是用来自省的。

有一次，曾国藩晚上做了一个梦，梦见有人发了一笔横财，他非常羡慕。早上醒来，曾国藩对此很是羞愧。在他看来，日有所思、夜有所梦，肯定是自己功利心太重，才会连做梦都羡慕别人发财。

于是他马上在日记中写下："昨夜梦人得利，甚觉艳羡，醒后痛自惩责。"以此反思自己，提醒自己不要过度看重钱财。

又有一次，他与同乡郑小珊因为一点儿小事发生了言语冲突，生气时说了很多伤人的话。事后，曾国藩在日记中写道："小珊前与予有隙，细思皆我之不是。"以此批评自己的过错，并警醒自己以后要友善待人，改掉急躁的坏脾气。

不止如此，曾国藩还常常向亲朋好友请教，让他们直言不讳地说出自己身上的毛病，使自己更好地改正身上的不足。

长期自省帮助曾国藩从一个资质平平的普通人一路成了晚清四大名臣之首，成就了一番功业。

他在晚年时忍不住感叹，自己优点不多，缺点不少，和《论语》里那些圣人比差远了，但有一条做得还比较好，那就是"吾日三省吾身"。

自省，是成长的开始，也是成就人生的良方。真正聪明的人都懂得观心自省，审视自我。因为他们明白，不断省察、检讨自己的言行，才能成长为更加优秀的人。

荀子说："君子博学而日参省乎己，则知明而行无过矣。"

量人当先量己，责人必先问己。做人，如果只盯着别人的过错，就看不见自身的问题。懂得审视自己，常思己过，方可知己短，补不足。

03

第三把钥匙：自律。

M. 斯科特·派克在《少有人走的路》中写道："自律是解决人生问题最主要的工具。"

自律，是掌控生活的前提，也是治愈痛苦的良药。懒惰和放纵会吞噬一个人的斗志，让人被困在琐碎生活和对现状的不满中，滋生更多的痛苦。主动约束自身行为，保持自律，才能获得内心的充实与安稳，拥有精彩人生。

有一个女孩顺利考入北京师范大学英语系，但入学第一场英语考试让她万分沮丧，因为她的成绩在全年级排倒数几位。她暗下决心，一定要努力提升自己，每天进步一点。

从那以后，她每天早上五点起床，在教学楼前的一片小树林中背单词、练口语，每天都坚持两三小时，风雨不歇。期末考试成绩出来后，所有人都震惊了，她竟一跃成为英文系的第一名。

意识到自律给自己带来的巨大好处后，这个女孩一直保持每天五点起床的好习惯。这不仅使她大学四年每年都获得国家奖学金，更让她成了优秀的作家和企业家。

这个女孩，就是"极北咖啡"创始人张萌。

这世间的所有辉煌都离不开长期自律，所有傲人的成绩，都是日复一日、年复一年地坚持好习惯的回馈。若严于律己，你终将大放异彩。

你如何过一天，就如何过一生。在安逸里得过且过，只会拖垮自己，辜负人生；在自律中不断精进自己，你会慢慢得到想要的一切。

人生是一场与任何人都无关的自我成长之路。成长路上，你要自知才能找准位置，自省才能完善自我，自律才能克服焦虑，成就自己。

叫醒自己，改变自己，放过自己

01

不知道你是否经历过这样的情况：想健身，也办了健身卡，报了私教班，但就是下不了决心去坚持，结果不了了之；想创业，也找好了合伙人，但就是顾虑重重，不去行动，结果满腔热情都逐渐变冷；就连买东西这样的小事，也时常会纠结半天，结果挑来选去，要买的东西一件也没买。

我有个朋友也是这样的。她一直在家做全职太太，有一次，她和我说觉得现在的生活太枯燥，很想利用空闲时间学点东西，比如学画画，或者考个证书。听完我很支持她，可是很长一段时间过去了，她依然没有去做想做的事。

我忍不住问她为什么。她抱怨说坚持实在太难了，说自己没有画画的天赋。

俗话说："昨夜梦里行万里，醒来一看在床上。"天下之事，总是困于想，破于行。人千万不要只在梦里空想，必须叫醒那个沉睡的自己。

想健身、想学画画、想学外语、想考研，那就行动起来。唯有先动起来，步履不停，美好才会不期而至。

02

我小时候听长辈讲过关于猴子的寓言故事。

猴子想变成人，它知道想变成人，先要砍掉尾巴，于是决定砍掉尾巴。但在动手前，猴子被三个难点困住了：砍尾巴的时候会不会很疼？砍了尾巴后身体还会不会像之前一样灵活？舍不得跟了自己这么久的尾巴。

因此，直到今天猴子也没有变成人。

在这个世界上，任何人都无法改变你，除了你自己。改变，也许会痛苦一阵子；不改变，可能会痛苦一辈子。

我有个在广告行业工作的朋友是圈子里出了名的"拼命三娘"。

她刚进公司时，和她一起来公司实习的都是刚毕业的职场新人，领导分配什么就做什么。她却不一样，总是这儿跑跑，那儿问问，主动给自己揽活儿。

后来时间久了，很多人慢慢都有点懒怠，不再像刚入职时那么干劲十足，每天准时打卡下班，逛街看剧，沉浸在舒适圈中。她呢，总是"傻乎乎"地留在公司研究行业最新案例、一遍遍地修改文案。

同事们都说她实诚，觉得就这点工资，那么拼干什么？她却笑着说："我不是给老板打工，而是给自己的简历打工。"

果然，她是那一批实习生里最先转正、最早受到提拔的人之一。

前几年，她还和我打听了新媒体副业的事情。她总是说："现在社会变化太快了，真的不想哪天被职场淘汰，被时代抛弃。别说一天了，我真是一分钟都不想浪费。"

每次和她聊天，我都会想起一句话："成功的路并不拥挤，因为绝大多数人选择了安逸。"

成长始于自我觉醒，进步源于自我改变。改变自己，你才会走上坡路。

改变，也许会是一个漫长、痛苦的过程，但不经历这个过程，你永远不会知道自己可以有多好。

03

国学大师钱锺书说："洗一个澡，看一朵花，吃一顿饭，假使你觉得快活，并非全因为澡洗得干净，花开得好，或者菜合你口味，主要是因为你心上没有挂碍。"

很多时候我们之所以感到不快乐，并不是因为事情糟糕，而是因为我们困在自己的情绪里，没有想开、看开。

1997年，杨绛的女儿钱瑗因病去世，之后不久，她的丈夫钱锺书也离她而去。曾经的"我们仨"，只剩杨绛一个人。

那之后，杨绛便不再喜欢出门，她闭门谢客，把全部的时间与精力都投入工作，一边整理钱锺书留下的手稿，一边进行创作。

曾有记者去采访她，她幽默地说了这样一段话："我现在要做的事很多，那么多的事只有我一个人来做，我现在是'绝代家人'，不是'绝代佳人'，这个'家'是家庭的'家'，我没有后代，我不去做就没人能做了。"

正是在这种豁达和洒脱中，杨绛写出了《我们仨》《走到人生边上》《洗澡》等一系列经典作品。这时的杨绛就像她的作品一样，专注于精神探索，对外界的一切都淡然处之。

人生在世，不如意之事十有八九。比如你可能不小心洒了半杯茶，这时如果你想不开，就会为失去半杯茶而难过；你想得开，就会因为还有半杯茶而开心。烦恼天天有，不想自然无。放过自己是每个人的必修课，只有把该放的放下，该忘的忘掉，日子才能开心自在。

诚如季羡林先生在《悲喜自渡》中所言："在人生的道路上，每一个人都是孤独的旅客。"

人这一生，除了天降大灾和突行大运，80% 的道路其实是由自己决定如何走的。面对生活中的种种无奈和挫折，能帮助你的只有那个努力的你自己。

君子慎其独

平庸的人，常常用热闹填补空虚；真正的智者，总能在独处中享受生活。让人与人之间拉开差距的，有时不是智商，也不是情商，而是一个人与世界相处的方式。

弱者盲目合群，结果失去自我；强者相互搭桥，方能彼此成就；智者善于独处，自然内心丰盈。

01

法国科学家约翰·法伯做过一个著名的"毛毛虫实验"。

他在一个花盆的边缘放了几只毛毛虫，让它们首尾相连，同时在直径约 6 英寸 ① 的花盆中心放了一些毛毛虫爱吃的松针。然而，由于毛毛虫具有“跟随者”习性，它们始终一只跟着一只，围着花盆转圈。

几天后，精疲力竭的毛毛虫都饿死了，出现这一悲剧是因为它们只知道按照以前的习惯盲目地跟着同伴，最终饿死在食物的旁边。

有句话是：“猛兽总是独行，牛羊才成群结队。”人也是一样，越没能力的人，越喜欢盲目合群。

一位女读者曾向某作家抱怨，说自己的老公特别热衷于社交。每个月的工资大部分用在请客吃饭上，在她老公看来，这样做是为了拓宽人际关系网。可几年过去了，老公不仅没存下钱，也没有提升能力，依然在“吃老本”。

合群可以，但盲目合群就是堕落的开始。随波逐流、盲目合群，你可能什么都不会得到。你以为你是在合群，其实你只是在被平庸同化。到头来，盲目合群只会浪费时间和精力，让你失去自己的光芒。

---

① 1 英寸约合 2.54 厘米。——编者注

02

作家林清玄在《送一轮明月给他》中写道："我们时时保有善良、宽容、明朗的心性，不要说送一轮明月，同时送出许多明月都是可能的。因为明月不是相送，而是一种相映，能映照出互相的光明。"

真正的强者，都愿意捧出自己的那轮明月，彼此成就，相映生辉。

我家楼下有个很大的菜市场，里面有一个区域专卖海鲜。去的次数多了，我发现靠近门口的两个摊主生意最好。

有时，如果门口处第一家店围了很多顾客，摊主忙不过来，而第二家店生意比较冷清，第一家店的摊主就会把顾客选好的鱼交给第二家店的摊主处理；第二家店的摊主帮忙杀鱼，简单处理一下，再交到顾客手里。

反过来，当第二家店生意火爆时，第一家店的摊主也会主动帮忙。

有时候去晚了，一家店里你想买的海鲜已经卖完，摊主就会推荐你到隔壁的店去买，还会顺带夸赞一句，他家的海鲜也很好。

一开始我以为两家店的摊主是亲戚，后来发现并不是，他们就是普通的卖海鲜的小商贩。明明是竞争关系，但在一家生意火爆时，另一家并不眼红，还会主动帮忙，这其实就是一种强者思维。

世上的成功，大多不是靠互相争斗得到的，而是靠互相扶持实现的。很多时候，为别人搭桥其实也是在为自己铺路。

强者总是和他人彼此成就，携手向前，互利共赢。

03

越优秀的人，越懂得规避生活中的各种无效社交，享受独处的生活。

2012 年，普利兹克建筑奖颁奖典礼在北京人民大会堂举行，中国美术学院建筑艺术学院院长王澍上台领奖。这是中国人第一次拿到这一国际建筑奖项。

接受采访时，记者问王澍成功的秘诀是什么？王澍思考了一下，回答说："我得谢谢那些年的孤独时光。"

幼年时因为孤独，他对画画产生兴趣，对建筑萌生一种懵懂的概念；毕业后又因为孤独，他能够静下心来思考，此后的很多设计灵感都源于这一经历。

那时候，他身边从事建筑行业的朋友都积累了一定的财富，唯独他整天泡在工地上和工匠们一起从事体力劳动，在西湖边闲逛、喝茶、看书、拜访朋友。

很长一段时间，他都过得非常孤独，他的才华与能力得不到认可。但正因为有这段孤独的奋斗历程，他才能不被物欲所困，独立又清醒地活着，最终站上了现代建筑学的巅峰。

人越是目标明确，越有追求，就越孤独。只有忍受得了极致的孤独，才能享受到真正的自由。

真正的智者都善于独处，在自己的世界里清醒而明白地活着。林徽因说："真正的平静，不是避开车马喧嚣，而是在内心修篱种菊。"

想成为优秀的人，首先应懂得如何与世界相处：无人问津时，享受独处，在孤独中寻找力量，不断前行；被人群簇拥时，成就别人，善待别人，其实也是成全自己。

始于心，终于心：幸福全在于心

古人说，心若不动，万事从容。万事万物其实都是人内心的投射，很多事的关键都在人的心理。

一个内心足够强大的人，无论外界发生什么都能从容应对。

那么，我们应当如何修炼内心呢？《格言联璧》中有一句话可以作为指导方法："闹时炼心，静时养心，坐时守心，行时验心，言时省心，动时制心。"

01

越是艰难处，越是修心时。面对的环境越糟糕，越要守住内心，境转心不转，这是修炼内心之道。

养心贵以静，淡泊宜于性。一个人只有保持安静，才能放松自己，淡泊从容。

苏轼被贬黄州，为自己建了一座草堂，他请人将草堂的四壁绘满雪花，称之为雪堂。外界复杂纷扰，雪堂却独留一份闲适。

闲来无事时苏轼便静坐其中，独自面对四面"雪白"，内心平静而丰盈。

现代人忙忙碌碌，似乎没有一刻安闲，疲惫的心灵时刻紧绷，安静下来，人才有时间去沉淀、去反思、去升华。毕竟，静能生慧，只有安静下来，才能拥有一份应对复杂的智慧；只有安静下来，才能拥有观照万物的可能。

02

古人认为独处可以"神不浊"，默坐可以"心不浊"。

元朝有一位教育家，名唤许衡。有一天，许衡途经河阳，天热口渴，行人纷纷摘路边的梨解渴，唯独许衡不为所动。

路人奇怪，问他为什么，他说："此非吾梨，岂能乱摘？"别人笑他迂腐："乱世梨无主。"许衡正色回答："梨虽无主，而吾心有主。"

独处时，要守住内心的清明。在他人不知道的情况下，守住内心的准则，守住人生的底线。

人只有不被利益诱惑，守住自己的内心，上不负天，下不愧地，才能坦坦荡荡地做人、做事，守住人格与尊严。

03

苏轼小时候就立志成为一个真诚、正直的人。长大后，无论在朝堂还是在乡野，他都没有忘记自己的志向。哪怕被贬千里，流浪一生，他依然不站队，不结党，始终保持真诚和正直。

不要因为走得太远而忘记自己为什么出发，要时刻内省，时刻提点自己，记住当初为何启程。不要忘记初心，也不要偏离航向。

生命只有一次，无法重来，要活出自己的人生。

04

《论语·子罕篇》写道："子绝四——毋意，毋必，毋固，毋我。"意思是做人的最高境界是从道不从己，不凭空揣测，不绝对肯定，不固执己见，不自以为是。做事客观理性，遵守规律。

在曹操的众多儿子中，有两位才能显著：曹植浪漫多情，文采斐然，是个不可多得的优秀诗人；曹丕勤恳务实，政务娴熟，是个出色的领导者。

纵然强悍如曹操，最终也选择放弃心爱的曹植，把江山事业交给曹丕。

正所谓"恶不去善"，不能以个人好恶论是非、定行止。喜欢的人或事，不一定是最适合的，千万不要因情绪失去理智。

克制自己肆意妄为的心，按规律办事，更能成就一番事业。

人之幸福，始于心，终于心。人若内心丰盈坚定，安静澄澈，便能抵抗世间的不安与躁动，活好这一生。

奔跑吧，飞驰的人生

01

电影《阿甘正传》中的阿甘，因发育缺陷而需要钢架来矫正双腿，智商也低于平均水平，可以说是一个先天条件不算太好的人。他常常受到欺负，而那时他唯一的朋友珍妮建议他"快跑"。

后来，阿甘通过跑步成为一个比常人更强健的运动员，因此加入了学校的橄榄球队，甚至赢得了世界冠军。

他通过跑步获得了健康，健康又带来了自信，自信让他有了快乐，就这样，他一步一步走向更好的人生，改变了命运。

另外，跑步可以增强心肌功能，一个长期坚持跑步的人的心脏会比正常人的大三分之一，并且，其肺活量和肠蠕动情况都远超平均水平，跑步带来的强大代谢功能使身体更强健。

这也是长期坚持跑步的人看起来比同龄人更年轻的原因。

美好生活从跑步开始。跑步是最佳的健身方式之一，是给身体补充活力的有效方法，能让身体由内而外散发活力，变得越来越强健。

02

轻微到适度的运动能自然释放让人感觉舒服的内啡肽，它有助于减压和让你切实地感到快乐。

跑步可以缓解压力，让人更加乐观积极，从容面对生活，在工作中保持饱满的精神状态。

美国作家克里斯托弗·麦克杜格尔在《天生就会跑》里写道："或许我们无法克服的所有问题——暴力、疾病、抑郁和贪婪，都是从我们停止奔跑的那一刻开始的。"

跑步是一种爱惜身体、保健精神的运动，是为身体充电、补充能量的行为，也是勇于超越昨日的自己的行为。

要想保持健康，比起用外物补充身体所需，运动是更好的方式，而最简单的运动之一，就是跑步。跑步会带来身体和精神的双丰收，在奔跑中，我们可以甩掉疾病的困扰，甩掉不必要的焦虑，甩掉心中的阴霾，甩掉烦恼。

生命在于运动。你只需要走出房间，迈开腿，迎着太阳跑起来。在奔跑中，你会获得幸福感和满足感，沐浴在愉悦的心情中。

03

跑步是件非常有益于身心的事，也是件极其简单的事，但能长期坚持跑步的人寥寥无几。

作家村上春树说："每日跑步对我来说好比生命线，不能说忙就抛开不管，或者停下不跑了。忙就中断跑步的话，我一辈子都无法跑步。坚持跑步的理由不过一丝半点，中断跑步的理由却足够装满一辆大型载重卡车。"

放弃的理由太多："今天天气不好，算了吧""今天心情不好，算了吧"，等等。没有比放弃更容易的事了。

很多人都知道一万小时定律，可是真正能做到的人少之又少。无论坚持有多难，方法总比困难多，特别是如果用科学的方法，坚持跑步似乎就没那么难了。

首先，你要让自己走出家门，如果哪天想放弃了，就对自己说，今天不跑，哪怕出去走走也好。其次，不要急于求成，先为自己设定一个小目标，从 300 米、500 米开始，跑累了就停下，不要勉强。

如果肌肉在过度消耗下出现酸痛，肌肉会产生记忆，你在心理上就会对跑步感到厌烦。

凡事不能操之过急，一步步慢慢来，先让自己适应跑步的节奏。

诗人萨迪有句话说得好："事业常成于坚忍，毁于急躁。我在沙漠中曾亲眼看见，匆忙的旅人落在从容者的后边，疾驰的骏马落在后头，缓步的骆驼继续向前。"

一天能跑 1000 米不值得骄傲，如果能坚持一年每天跑 1000 米，那才厉害。

让跑步成为一种习惯。你可以每天鼓励自己，给自己一个坚持下去的理由。比如，如果在一段时间内，你做到了按时跑步，可以给自己一个小小的奖励，比如看场电影，吃点美食，把跑步的心情调整到最佳状态。

真正爱上跑步时，你就不再需要任何坚持下去的理由了，此时跑步变成了你真正的爱好，无须坚持就可以轻易做到。

04

世界上参与人数最多的运动就是跑步，几乎在每一座城市，你都有可能在街上碰到几个跑步的人。这些人大多身体健康、充满活力又自信，这是跑步使他们身心更健康的体现。

跑步不是必须做的，但会让一个人不断超越自我、建立信心。在不断坚持、忍耐的过程中，我们会渐渐变健壮、变坚强、变从容，从一点点突破中获得成长。

相信每一个坚持跑步的人，都可以在奔跑中获得健康和快乐，收获别样精彩的人生。

知人者智，自知者明

希腊阿波罗神殿的门楣上刻着两个词，意思为"认识你自己"。

很多人一辈子都在揣摩他人，却很少探究自己。但人这一生的关键就在于认清自己，这样才能活得通透，就如老子所说："知人者智，自知者明。"

01

生活中，许多人一时顺遂，就变得眼高于顶或盲目自信。认不清自己位置的人，只会迷失自己。人贵有自知之明，很多时候之所以能获得较高的荣耀，不是因为你长得高，而是因为你站在高处。

认清自己的位置，才能远离傲慢，减少出错的概率，踏踏实实地往前走。

德国诗人歌德曾说："无论你出身高贵或者低贱，都无关宏旨，但你必须有做人之道。"

这个做人之道，指的就是做人的底线。一个人做事如果没有底线，没有原则，无论他地位有多高，都难以赢得他人的尊重。

认清、守好自己的底线，既是对他人负责，也是对自己负责。

《孟子》中写道："君子有所为，有所不为。"

为人处世，最怕的就是没了原则，这无异于给自己的未来埋下暗雷，终有一天，一点儿小火星就会将其引爆。坚持自己的原则，守好自己的底线，才是一个人安身立命的根本。

02

心理学上有一种"达克效应"，大意是指有些人在评估自己的能力时，会高估自身的水平，而且一个人能力越差，越会高估自己。

换言之，越无能、认知水平越差的人，越容易自以为是。

有些人会"打肿脸充胖子"，做超出自身能力范围的事情，最后吃亏的只会是他们自己。真正的智者能够认清自己的能力边界，量力而行。

美国有一位登山运动员，他为征服珠穆朗玛峰做了好几年准备，但在攀登到海拔 7000 米处时，尚有些体力的他毅然选择了后撤。

许多人对此表示不解，他解释说："对我来说，7000 米已经是一个奇迹。"

尽管冲顶对他来说或许只有一步之遥，但他清楚自己的极限，也知道逞强只会给他带来生命危险。

有多大的能力，就做多大的事。一个人最怕的不是没有能力，而是高估自身的水平。

凡事要尽力而为，更要量力而行。认清自己的能力，可以收获更从容的生活。

03

某知识问答平台上有个热门问题："25 岁做什么，可在 5 年后受益匪浅？"

有一个高赞回答是这样的："25 岁时一定要明确自己的人生目标，然后坚定不移地朝此奋斗。"

让人与人拉开差距的，不只是情商和智商，还有对目标的明确程度。明确自己真正想要什么，才是迈向成功的第一步。

华为在成立初期并非只有专注于技术这一条路线可选。那时，房地产和金融投资等行业都势头正猛，短期内就能让人获得惊人收益。

曾经有人建议任正非换个路线，但他毫不犹豫地拒绝了，一心一意坚持最初的选择，只走技术路线。正因有这种清醒的认知和不为外物所动的坚持，他才能带领华为一步步走向世界。

"心路"难走，不忘初心很难，坚持初心更难。人生这条路上会有无数个分岔口，一朝不慎，就有可能走偏。认清、认准自己的目标，才更能在正确的路上越走越远。

04

俗话说："尺有所短，寸有所长。"每个人都有自己的长处和短处，只有足够了解自己，才能扬长避短，充分发挥自己的优势。很多时候，选择比努力重要得多。选择的方向错了，再努力也没用。认清自己的价值，选择正确的方向，就成功了一半。

马克·吐温在文学上的成就广为人知，但这位大文豪从商的经历却鲜有人知。

马克·吐温从商时，第一次投资打字机项目，前后投了不少钱，全亏损了；第二次做出版商，但由于他不懂财务也不懂管理，最后公司倒闭，他自己债台高筑。

无奈之下，他只能放弃从商，专职写作和演讲。不料"无心插柳柳成荫"，他竟然用这些他一开始不看好的业务，还清了债务，还积累了一定财富。

你喜欢的，不一定是你擅长的。认清自己的价值，找到自己擅长的方向，做事才会事半功倍。

人的两只眼睛可以看世间、看万物、看他人，但很少有人看到自己。而人这一生，比起关注别人，更应该认清自己。

高估自己，容易裹足不前；低估自己，容易妄自菲薄。看清自己，才能逐步找准定位；掌控好前进的方向，才能不断修炼自己，从而超越自己。

马上去做，百忙解千愁

01

生活中，很多人都曾信心满满地列出过各种计划：读书、减肥、学一门新技能、去一座发展前景更广阔的城市、换一份待遇更好的工作等。但结果却是"晚上想想千条路，早上醒来走原路"。

你可能在脑海里准备好了一切，却忘了最重要的事情：开始。

今天没空、明天有约、工作太累、事情太难……所有天花乱坠的计划，都被形形色色的借口堵在脑海里，难以落地。

这世界缺少的从来不是完美的计划，而是说干就干的行动力。不肯尝试，不愿付出，懂得再多的道理，也很难拥有想要的生活。

在美国西点军校的 22 条校规中，"立即行动"赫然在列。

按照规定，士兵在回复上级命令时，只能给出四种答案："是，长官""不，长官""不知道，长官""没有借口，长官"。

美国 ABB 公司原董事长巴尼维克有一个著名的观点："一个企业的成功，5% 在战略，95% 在执行。"第一时间把战略化作行动，是士兵的行为准则，是企业的生存之道，也是我们的进步法宝。

真正想要变得更好的人，绝不会只把想法停留在脑袋里。在大部分人犹豫不决时，他们已经开始紧锣密鼓地行动；在别人的"三分钟热度"逐渐消退时，他们仍然能保持热情。

生活从不会因为你想做什么而给你回报，只会因为你做了什么给你奖励。说做就做的执行力，是很珍贵的能力。

02

很多人觉得自己聪明出众，但最后各人却活出了千姿百态，执行力就是造成这一现象最重要的原因之一。

带着满脑的计划躺在跑道边的草地上晒太阳，最后只会眼睁睁地看着自己被别人甩在身后。

想拥有更好的生活，你首先得站到起跑线上。以下三个方法，可以帮你更好地突破自我，培养执行力。

第一个方法：化繁为简，细分目标。

比起执行力，确立一个可执行的目标才是第一要务。

举个例子，同样是瘦身，有人的目标是两个月瘦 15 斤，有人计划一周瘦两斤。同样是读书，有人打算一年读 30 本，有人打算一个月读 3 本。看起来目标差不多，但真正落实起来，后者完成目标的可能性往往比前者高出许多。

一个长期目标若被细分成许多个短期目标，执行难度会大大降低，人内心的抗拒也会随之减轻。

瘦身、读书也好，别的也罢，完成得轻松，看得见收获，你自然更愿意去做。长此以往，成功实践计划的概率就会变高。

第二个方法：巧用"五分钟起步法"，拒绝拖延。

俗话说："想法千千万，起床原地转。"对很多人来说，他们没有想象中那么有执行力，拖延症是重要原因。

为此，卡尔顿大学拖延心理学研究组发明了"五分钟起步法"这一应对拖延症的绝佳方法。

当你在脑海里计划好一件事时，先斩断乱七八糟的借口，离开各种各样的诱惑源，什么都不要想，立刻投入地去做五分钟。

万事开头难，先做起来，你就赢了很大一部分人。

第三个方法：设立激励机制，适时进行自我奖励。

执行力从来不是一时兴起的决定，而是迅疾的行动和长久的坚持。再优秀的人也无法保证自己在执行过程中能一直保持刚开始执行时那样的热情。

当你完成一个短期目标后，可以结合实际情况，给自己一些小奖励。比如，一顿大餐、一件心仪已久的礼物、一次心心念念的旅行。

适当的自我激励是对过往进步的肯定与鼓励，也是对未来目标的展望和准备。

03

经常有人问余华，要怎样才能成为一个作家。他每次的答案只有一个字：写。

对未来的设想再多，你也不可能凭空拥有优秀的作品，可当你落笔写下第一个字时，你就已经在向成为一个作家的目标迈进了。

理想的生活不会无缘无故到来，奔跑起来才能抓到心中的明月。

想有好身材，就开始运动健身；想升职加薪，就打起精神做好手头的工作；想追求诗和远方，就先迈出困在格子间里的脚。

不要让那些美好的想法凭空消失在脑海里，成为可望而不可即的遗憾。你渴望的改变若没有从现在开始，可能永远不会开始。

行动起来，想要的生活才会向你奔来。

生活百味，自己体会

人到中年，经过岁月的洗礼、时间的沉淀，会逐渐参透生活百味，也正因为懂得了一些人生道理，就容易变得世故圆滑，养成一些坏毛病。若想克服这些坏毛病，就得学会向内审视，自己给自己"看病"。

01

不知道大家有没有这样的感觉，人到中年，不知不觉就会变得"好为人师"。

即便是竭尽全力收敛、克制，但在与人交谈时，仍常常不自觉地把话题引到别人难以参与的往事里，炫耀自己的经历。

宋朝有个官员叫钟傅，他字写得不怎么样，却非常喜欢评价别人的字。

有一次，他见一座寺庙中挂着一副匾额，但匾额上的落款模糊不清。他马上开始点评匾额上的字，并让寺中僧人取下匾额，好让他重新书写。

寺僧取下匾额擦干净后，才发现被钟傅贬低的字，竟出自颜真卿之手。见此，钟傅只得悻悻地嘀咕："像这样的字，怎么不刻在石碑上？"

一个人最大的无知，就是认为自己什么都懂，对别人指手画脚，评头论足。越好为人师，越会暴露自己见识浅薄。

孟子有言："人之患，在好为人师。"

人际交往中最忌讳的莫过于自以为是地到处彰显优越感，用自己"过来人"的经验教育别人。学会克制自己好为人师的欲望，改掉妄自尊大的毛病，是成年人的处世之道。

02

《史记》上记载，孔子年轻时曾向老子问礼，老子告诉孔子："良贾深藏若虚，君子盛德，容貌若愚。"

什么意思呢？是说一个会做生意的商人常深藏财货，而外表看起来好像什么都没有；一个有盛德的君子，外表看起来却好像是一个愚蠢迟钝的人。

为人处世最高的境界，不是四处宣扬自己有多大的能力，而是低调内敛，平静却有力量。

生活里有一些人满口大话，天南地北地闲聊并以此吹捧自己。

小品《有事您说话》里，在铁路部门上班的郭子就是这样一个人。

为了让别人高看自己，他常常自吹自擂，无限夸大自己的能力，还四处吹嘘自己有本事，可以买到别人买不到的票。朋友听到这件事，便托他帮忙买两张春运期间的卧铺票。

为了让自己说出去的大话不被揭穿，他只好硬着头皮答应下这件事。

于是，寒冬里他连夜去排队买票，结果排了一晚上仍没买到，最后自掏腰包买了高价票。

妻子得知这件事后和他大吵一架，还愤怒地表示这日子没法过了。看着妻子生气的样子，他才发现，那些说出去的大话不仅没能让别人高看他，反而害苦了自己。

曾国藩曾说："立身以不妄语为本。"

人到中年之后，要学会控制自己的口舌，要心怀谦卑，敏于事而慎于言。管住嘴，谦卑做人，沉稳做事，这是修养，也是智慧。

03

爱面子或许是人之常情，但死要面子就是灾难了。

鲁迅曾在他的杂文里记载过一个故事。

一个人前去奔丧，到场后却发现其他人都收到了亡者家属发放的白孝，他却没有。他觉得自己被区别对待，很没面子，就召集了一些朋友大闹了一场。

本来是办丧事的灵堂，却变成了"战场"。后来这件事被人们传得沸沸扬扬，让他在整个村子里颜面扫地。

正如"童话大王"郑渊洁所说："要面子的结果，大都是没面子。"做人，应当放下无谓的虚荣，不被面子绑架。

我老家有一个企业家，中年破产，债务缠身，养家糊口都成了问题。他曾经的竞争对手对他说："我可以给你一份工作，让你来我公司上班。"

身边人纷纷劝他别去，为昔日竞争对手工作，太没面子了。但他欣然接受了这份工作，还在工作中付出了百般努力。渐渐地，他和曾经的竞争对手、现在的老板关系越来越好，后来还与对方合伙开了一家公司，让自己的事业重新起步。

作家亦舒说："面子是一个人最难放下的，又是最没用的东西。"你越在意面子，面子就越沉重，越让你寸步难行。太看重面子，只会阻碍你前进的脚步，越不把面子当回事的人，越没有负累，反而会活得越体面。

04

到了一定年纪，比形象油腻更可怕的是内心油腻，是失去了年轻时的简单与初心，变得世故，变得庸俗。

走过半生，我们会发现，一个人思想不油腻，内心不堕落，才能看到更美的风景。知世故而不世故，历世事而存天真，这才是更高的境界。

人生后半场，要学会看清自己身上的毛病，自治自愈。

修养·超然物外，独行自在

成功源于习惯，习惯来自日常

这个世界上没有解决不了的难事，只有不善于应对难事的人。生活有时或许很难，但只要我们坚持做正确的事，养成好的习惯，就是在走上坡路。

01

迷茫时，要养成读书的习惯。

曾有一位年轻读者给杨绛写信，抱怨社会浮躁，人心难测。杨绛看完后，回信说："你过得不好，只是因为读书太少，想得太多。"

作家程志丹生完孩子的第一年，她婆婆从老家过来帮忙照顾孩子。

两个本不熟悉的人忽然在一个屋檐下生活，思想的代沟、性格的差异让她们摩擦不断。再加上她先生在其中没有起调和作用，那段时间，她情绪很不好，初为人母的喜悦消失了，对未来的婚姻生活也愈发感到迷茫。

后来，她开始在阅读中"避难"。有一天，她偶然看到一句话："人的烦恼一半源于自己的生活被侵犯，另一半源于想侵犯他人。"

当时她便有了醍醐灌顶的感觉："当我在烦恼别人不在意我的感受时，我又何尝在意过别人的感受呢？"

类似让她有感触的句子在书中还看到许多，她把这些句子写在纸上，贴在墙上，随时提醒自己用更具智慧的角度看待生活。慢慢地，她心胸开阔了，也感觉生活更愉快了。

她说："读书拯救了我的生命与生活，让我得到'重生'。"

如今，程志丹已生了二胎，依旧与婆婆住在一起，却不再有当初的烦恼。

当你感到迷茫时，最好马上去做一件需要你全情投入的事情，读书就是一个很好的选择。

迷茫不可怕，越是感觉迷茫，越要学会抽出身来，静心多读书。你读过的每一本书，都会在某一时刻帮到你。

02

难过时，要养成运动的习惯。

原北大校长王恩哥说过一句话：结交"两个朋友"，一个是运动场，另一个是图书馆。

越是难过的时候，越要让自己动起来。

几年前，我因事业、爱情双双受挫，整日活在对自己的否定里，觉得自己一事无成又情路不顺，十分消极。后来，身边的朋友实在看不下去我这副样子，便拉着我去运动。

一开始我十分不情愿。但一次运动后，我的心情居然莫名放松了，好像积攒在心里的苦闷都随着汗水排出去了。

从此，运动成了我生活中的一部分。坚持运动给我带来的，除了宣泄压力所产生的愉悦感和兴奋感，更多的是一种自我升华。

在坚持运动的过程中，我慢慢从懒惰走向勤奋，克服了拖延症。同时，我在运动时也结交了新的朋友，扩展了社交圈，有了新的机遇。

法国文学家罗曼·罗兰曾说："活力来自活动，一个人长久不做体力活动，不但身体逐步衰弱，思想也会呆滞。"

经常运动的人会发现，若坚持运动，整个人都会发生改变。从今天开始，你可以每天早起半小时跑几圈，或者周末约三五好友去爬山，或者每天抽出一点时间去健身房挥汗如雨。运动，永远也不嫌开始得晚，坚持运动，终有收获。

<h1 style="text-align:center">03</h1>

处于低谷时，要养成沉默的习惯。

不知道大家有没有发现，很多人越长大，越喜欢沉默，这其实是因为人变得越来越沉默了。

年少时，我们遇事总喜欢找人倾诉，直到经历的多了才发现抱怨解决不了什么问题，静下心来找办法才是解决问题的最佳方式。

我很喜欢一位名叫赖敏的女孩，在 21 岁那年，她被确诊遗传了家族的"企鹅病"——手脚不受控制，走不稳路，后来就连话也说不清楚了。医生断言她最多活到 30 岁。

23 岁那年，她的父亲因车祸去世，9 天后，她的母亲也去世了，很快，相恋 7 年的男友和她分了手。

失去亲人的悲伤和病痛的折磨就像两座大山，不论是谁都会被压得喘不过气。可她没有抱怨，鼓起勇气对自己说："与其在家里等死，不如出去看看。"

于是在好友的陪同下，她走过 4 万多公里的路程，在 100 多个城市留下自己的足迹。如今的她拥有自己的家庭和孩子，在四川理塘经营着属于自己的客栈。

后来，有记者问起她的这些遭遇。她只是笑着说："当你什么都没了，你还可以微笑！"

成年人的世界，谁都不比谁活得容易，只是有人呼天抢地，痛不欲生。而有人却默默咬牙，吞下了委屈，逼自己学会坚强。

人处于低谷时无须四处抱怨，因为你的痛苦，别人无法感同身受；你的问题，别人无法替你解决。路要自己一步步走，苦要自己一口口吃，经历磨难才能脱胎换骨。

04

独处时，要养成自省的习惯。

作家皮克·耶尔在29岁的时候便过上了大多数人梦寐以求的生活：出入曼哈顿最繁华的街区，供职于美国顶级杂志《时代》，可以随心所欲地到世界各地旅行，早早实现了财务自由。

一开始，忙碌的生活确实让耶尔感到很兴奋，可随着时间一天天过去，他变得越来越不快乐。

在内心深处，他总觉得自己只是在盲目地狂奔。一番斟酌后，他独自一人搬到京都，找了个僻静的房间生活了一年多。

这段独处的时光让他从之前忙碌的生活中抽离，最终找到了真实的自我。他想明白了，拥有幸福人生的方法之一是关掉电脑，将手机丢到一边，远离电子产品，享受独处、静坐。他将他在这段时间的反思写在了《安静的力量》一书里。

独处其实是对一个人的审视，人只有在独处时才能屏蔽外界的干扰，沉下心来审视自己、正视生活，理性思考现实和未来。所以，你不妨留些独处的时间，与自己的灵魂促膝长谈一次。这样，你将遇见最真实的自己，找回生命中最质朴的快乐。

英国哲学家培根曾说："习惯，是一种顽强而巨大的力量，它可以主宰人生。"

成功源于习惯，习惯来自日常。每天多翻几页书，坚持运动，持续自省，这些微小的习惯，都会帮助你去往更远的地方。

世界缤纷，各有色彩

我特别喜欢一句话："对他人的私事不关心、不介入，允许他人的道德观、生活方式和自己不同，可以消除世上 90% 以上的烦恼。"

这个世界上没有两片完全相同的叶子。每个人的生活环境不同，三观和生活方式也不同，用自己的三观和生活方式去理解他人、要求他人，其实就是自私。最能体现一个人修养高低的地方，就是其是否尊重和自己不一样的人。

01

近几年很流行一个观点：三观不合不能做朋友。

那么，到底什么是三观不合呢？

你说榴梿很香很有营养，我却一点也闻不得它的味道，这不是三观不合，这是味觉不同。

如果你喜欢榴梿，并且认为我不喜欢就是不懂欣赏，还因此嘲笑我没品位，这才是三观不合。

《论语》中说："君子和而不同。"这个世界是多元的，不是单一的，当我们见过很多人、去过很多地方后就会明白：除了米饭、面条、面包，世界上还有很多人的主食是土豆、豆子、玉米、青稞，甚至炸香蕉。一个人眼中的惊世骇俗，很可能是另一个人眼中的天经地义。

每个人都有其独特的喜好和个性，每一种三观和生活方式都有其独特的形成原因，不存在高低，也没什么对错。允许自己与别人不同，会让你特立独行；允许别人与你不同，则让你海纳百川。

当你学会尊重与自己不一样的人时，你的修养就会进入一个更高的层次。

02

你有没有发现，周围有这么一类人：和他们交往，你说什么他们都能理解，沟通也很顺畅。你以为这是因为你们三观一致，聊得来，但其实，你们之所以相处融洽，很有可能是因为对方在兼容你的三观。

康德曾说："我尊敬任何一个独立的灵魂，虽然有些我并不认可，但我可以尽可能地去理解。"

修养不够高的人，对外界充满敌意，总想质疑和否定别人的三观；而修养较高的人，懂得求同存异，可以理解和尊重差异。

有一段时间，白先勇的青春版《牡丹亭》引起热议，很多人都在讨论，但他的一位朋友对此一点也不感兴趣。

白先勇发现后，每次和她来往时几乎不在她面前讲起青春版《牡丹亭》的演出情况，也不请她发表意见。这个朋友说："对此，我非常感谢。他可以创新，我可以顽固，谁也不去说服谁。"

小时候，我们学过"己所不欲，勿施于人"这个道理。自己不喜欢的事情，不要强加给别人，这是最基本的道德。

周国平进一步提出一个观点，叫"己所欲，也勿施于人"。就是说，你自己喜欢的，也不要强加给别人。

03

著名心理学家荣格在离世前说："你连想改变别人的念头都不要有。每个人对阳光的反应不同，有人觉得刺眼，有人觉得温暖，有人甚至躲开。"

你以为的充满乐趣与希望的生活，在别人眼里可能是一种压力。

作家韩松落有个朋友叫老柳。老柳没工作，也没什么大目标，靠着父母留给他的两处房产收租金度日，看起来有些落魄，但老柳有个绝妙的手艺——做陶器。

韩松落为老柳感到不甘心，他觉得老柳这么有才华，远可以过得更好，便兴致勃勃地替老柳出主意，建议他租陶窑、批量生产、开班授徒、开网店……仿佛看到了老柳的大好前程。

可回头一看，老柳却满脸惶恐，说这并不是他想要的生活。

刚开始，韩松落看不惯老柳的"不求上进"，直到几年后，才逐渐理解他。"他也可以不争，内向地、低低地活着，这是他的权利。"

其实，韩松落与老柳的故事在生活中似乎并不少见。生活中，很多人迫切地想用自己的逻辑去改变身边人，让其与自己步调一致。自己憧憬婚姻生活，看到别人 30 岁还没有伴侣就天天催别人恋爱、结婚；自己想在一线城市奋斗打拼，就整日向在小城市生活的人传递焦虑……

王尔德有句话说得很好："过自己想要的生活，不是自私，要求别人按自己的意愿生活，才是自私。"每个人都有自己认为舒适的生活方式。你可以选择过自己想要的生活，但不应对别人的生活指手画脚。要知道，这个世界上每一种生活方式都值得尊重，这种尊重是一个人最基本的修养。

04

很多人年少时经常会看不顺眼一些人、一些事，长大后才逐渐懂了，看别人不顺眼，未必是别人做得不对。

不同的成长条件，不同的生活环境，会让人有不同的三观。

只要别人的行为没有侵犯你和他人的利益，那么他的行为就应当被尊重。

有修养的人，不会只用自己的认知和三观理解世界，评判别人，而会尊重每一个与自己审美、性格、三观不同的人。

体谅别人，善待自己

你对待他人的态度，往往决定你自己的心情和处境。体谅别人就是善待自己。

01

不知道你身边是否有这样的人：看到别人的一个过错，就斤斤计较；碰上别人的一次失误，就紧抓不放。纠缠到最后，不仅令他人心生不悦，也让自己心力交瘁。

美国心理学家威廉·詹姆斯曾说："凡是太过计较的人，实际上大部分都活得不幸福。"

我们公司有这样一位同事。入职不久，她就因为一条微信和另一位同事闹得不可开交：因为工作需要，她给对方发了条微信，却没有得到对方的回复。对方解释因为太忙了没有看到，她却不依不饶，用很不客气的口吻质疑同事，最后二人不欢而散。

外卖小哥给她送餐，汤水只洒了一点点，她便愤怒地在电话里大喊大叫，扬言要给对方差评。

她总是戾气很重，有事只想到自己，从不体谅别人，同事们渐渐开始远离她。

老子说："大道之行，不责于人。"抓起泥巴抛向别人时，首先弄脏的是自己的手。有些人遇到不顺意的事一味责备埋怨别人，以为是出了一口恶气，却不知计较到最后，只会把关系弄僵，苦了别人，也累了自己。

有些人则会站在别人的角度，用最温和的方式对待周围的人和事。不生气，不抱怨，不愠怒。体谅，既是做人的修养，也是卓越的处世哲学。

02

心理学中有一个名为"温情效应"的理论，即容易体察别人的不容易并给予别人温柔与善意的人，更能够享受到真正意义上的快乐。

有一个故事。一个村庄里有两户人家，东边一户姓王，西边一户姓李。王家总是争吵不断，鸡毛蒜皮的事情也会弄得人尽皆知，生活如一团乱麻；李家每个人都其乐融融，家中常常传出朗朗笑声。

有一日，王家的家长又被家庭内战吵得头昏脑涨，就跑到李家来取经。

老王问："你们家为什么从来不吵架，总是那么开心呢？"

老李回答："因为我们常做错事。"

老王不解，正准备出门，恰巧见到老李的儿媳妇急急忙忙走进门来，不慎摔了一跤。婆婆正在拖地，见状立马放下手中的活，扶起她心疼地说："是我把地拖得太湿了！"

站在门口的儿子也忙不迭地赶来，自责地说："是我不好，忘记告诉你母亲正在拖地！"

儿媳妇急忙解释说："不！不！是我的错，是我走路太急了！"

老王见到这一幕，不由地心想，此事若发生在自己家，肯定又是一场风波。拖地的婆婆会责怪毛毛躁躁的儿媳妇，门口的儿子会嘲笑妻子的愚蠢，儿媳妇也会因为家人的态度生闷气，最后闹得家里鸡飞狗跳。

俗话说，生年不过百，常怀千岁忧。不论家人、爱人还是朋友之间，都怕为了无关痛痒的小事争执不休。

卡耐基说："如果我们想从人生中得到快乐，就不能只想自己，还要为他人着想，因为快乐来自你为他人，他人为你。"

恰如将玫瑰赠予别人，首先闻到花香的是自己一样，懂得体谅别人的人，往往心宽似海，更能体会风平浪静的美好。放下别人的错，也是解放自己的心。学会看开，学会理解，学会放下，生活会变得更加轻松坦然。

<h1 style="text-align:center">03</h1>

《道德经》中写道："天道无亲，常与善人。"

予人良善，终得后福。生活是公正的，你若以一颗宽大而柔软的心对待别人，便更能深刻体会生活中的事。

宋朝一个叫韩宗儒的人，收入微薄但非常喜欢吃肉。他和苏轼是同僚，交情很深，时常往来书信。每次想吃肉了，他便将苏轼回的信拿出去卖钱，久而久之，众人皆晓。

有人跑到苏轼面前取笑道："古有王羲之以字换鹅，今有韩宗儒以帖换羊！"苏轼听后大笑，不仅没有生气，反而体谅朋友的难处，为他说尽了好话。后来，苏轼被贬至黄州，初到此地，心情苦闷，韩宗儒经常写信安慰他，才使苏轼的心情慢慢好转。

苏轼一生交友满天下，许多人更是在他落魄时送来温情无数，在他身处逆境时伸以援手，除了仰慕他的一身才气，更多的是被他豁达包容的姿态所感动。

人生短暂，生活有苦有乐，多一点谅解，就会少一点抱怨；少一点抱怨，就会多一点福气。渐渐地，你会发现，人生的一切机遇，往往蕴藏在日复一日的体谅与善良之中。

生活是一面回音壁，你怎样待它，它便怎样回馈你，人与人之间的相处亦是如此。怨过恨过，不如一笑而过；争过闹过，不如淡然放过。设身处地、以心换心地体谅别人，也是成全和善待自己。

往后余生，把心放宽。凡事不抱怨，不纠结，少计较，多理解。愿你能储蓄善意，积攒福气，用热情拥抱每一天，用满满的善意对待身边的人和事。将每一个平凡的日子，活得热气腾腾。

善良是远行之人的推荐信

01

明朝天顺年间，一个叫彭教的举人带着一名仆人进京参加考试，晚上主仆二人留宿在一家客栈底层的客房。

次日一早，仆人出门打水，正赶上楼上有人往下泼洗脸水，水险些泼到仆人身上。仆人刚想破口大骂，低头一看，积水中赫然有一只金钏。彼时天色尚早，四下无人，仆人赶紧将金钏捡起，藏在了身上。

主仆二人又走了些时日，彭教知道盘缠所剩不多，嘱咐仆人省着点儿花。仆人笑道："少爷不必担心，咱还有钱！"说完，就掏出金钏，把它的来历说了一遍。

彭教一听，立即说："不行，咱们必须赶紧回去，把金钗还给人家。"一去一回，必定耽误考试，况且又不是偷的，因而仆人怎么都不肯。

彭教解释道："女子丢失这么贵重的东西，家人很可能误会她与他人私订终身，若是再严厉逼问，很可能闹出人命。考试事小，人命事大！"

主仆二人赶回客栈时，那名丢失金钗的女子已被父母反复诘问十几天，不堪羞辱，正欲轻生。彭教还回金钗，说明缘由，保全了那名女子的性命和名节。

本以为彭教会因此耽误了考试，但之后京城很快传出消息，考场突发大火，彭教因此幸免于难。

随后朝廷下令，将于当年八月重考。最终，彭教夺魁，成为天顺八年的状元。

行走在人世间，善良是最好的护身符和推荐信。

02

梭罗曾说："德行善举是唯一不败的投资。"

你投入的每一个善念，积攒的每一个善行，都无须声张，都不必惋惜。

晋朝顾荣参加宴会的时候，侍从端上了一份烤肉。顾荣见侍从一直盯着烤肉，流露出渴求的神色，于是不顾身份，把自己的那份烤肉拿给了他。

旁边的人都笑顾荣有失体统，他却说："哪有天天烤肉的人不知肉味的道理。"

后来晋朝战乱，顾荣被迫逃往南方，途中每每遇到凶险，都有一个人不顾自己的性命来救他。顾荣十分感激，一问才知道这个人就是当年那位侍从。

一个人一生做的好事和坏事，都会以各种形式返还到自己身上。用爱对待他人，他人也会回之以爱。

《东周列国志》里记载过这样一个故事，春秋时期，晋朝大夫魏颗的父亲在去世前要求把自己的爱妾祖姬放还自由身，任其改嫁。但在其病危处于神志不清的状态时，又改口说要她殉葬。父亲去世后，魏颗于心不忍，于是让祖姬改嫁他人。

后来，魏颗在战场上与秦国大将杜回厮杀，危难时刻，一个老人用绳套绊倒杜回。魏颗趁机俘虏了杜回，大胜而归。后来才知道，这个老人正是祖姬的父亲。

生命有一种回声，你在此处以善行呼唤，他在彼处就会以善行回答。

也许你总帮助弱小，却未曾得到回馈；也许你经常起身让座，却没得到过一句真心的"谢谢"；也许你资助过很多孩子，却始终没接到一个感恩的电话……但请相信：你的每一个善念，都曾照亮自己的灵魂；你的每一个善举，都曾温暖他人。

惊喜不在此处，就在彼处；好运不在眼前，就在未来。

03

罗曼·罗兰说："善不是一种学问，而是一种行为。"很多时候，我们多一些体谅，世界就会少一些伤悲。

有一个寓言小故事。一只蝎子掉进了水里，农夫心善，决定救出这只蝎子。哪知，他的手刚刚伸进水里，蝎子马上蜇了他的手指。农夫无惧，再次出手，却又被蝎子狠狠蜇伤。

旁边的人看见这个过程，就问农夫："这只蝎子总是蜇你，你何必再去救它？"农夫回答："蜇人是蝎子的天性，而善良是我的本性，我岂能因为它的天性而放弃了我的本性？"

很多时候，善良比聪明更可贵，因为聪明是一种天赋，而善良是一种选择。

我们每个人的一生中都可能会遇到故事里"蝎子"一般的人，此时我们被误解、被诽谤、被伤害，但那不该成为我们放弃保持善良的理由。

蝎子会转身，错的人也会退场，而那些真正深陷沼泽的人，会借你的援手爬出泥潭。

稀缺的机会、优质的圈子、更好的自己，皆会因你的善良而来，总有一天，你会明白：世间所有的惊喜和好运，都源于你久积的人品和善良。知世故而不世故，历世事而存天真。世界虽不完美，但人间值得你善良以待。

人这一生会和 800 万人相遇，但真正能走近的只有 200 人。所谓缘分，不只是巧合，更多的是人与人之间的意气相投。

你想被周围人温柔以待，自己就要先温柔待人；你想得到对方的真诚，自己就要先付出真心；你想结交纯真宽厚的人，自己就要先做个心地善良的人……

高情商的人不逞口舌之快

美国著名心理学家丹尼尔·戈尔曼说："你让人舒服的程度，决定着你所能抵达的高度。"

你让别人难堪，别人也不会让你好受；你让别人舒服，别人才能让你舒服。如果总要在语言上压倒别人，总有一天要吃亏。

本杰明·富兰克林说："永远不要正面违拗别人的意见。"当别人发表了自己不认可的观点时，要克制自己直接驳斥的冲动。如果一上来就要和人争辩、指出别人的错误，只会让别人难堪、自己难受。

说话是一门艺术，无论讲什么都不要让人难堪。借着别人的错误来夸耀自己，是很无知的行为。

01

陈丹青年轻的时候，和朋友在小摊吃饭，小摊生意火爆，等了很久才有空出来的桌子。老板很忙，他们就自己收拾了桌子。

没想到过一会儿来了一个衣衫褴褛的老头，说自己还没吃完，饭就被他们俩收拾了。

陈丹青说："我重新给您买一份作为补偿，您看可以吗？"

老人说："我一天的心情都被你们破坏了，你们要赔偿我才行。"

朋友觉得荒谬，正要理论，陈丹青却掏出一些钱给了他。

老人走后，陈丹青说："和一个蛮横的人讲道理，接下来只会有无休止的争吵。我让一步，可以让事情最小化，那为什么不呢？何况我们还有其他事要做。"

这个世界上不讲理的人很多，如果凡事都要争个是非对错，你也就没时间做其他事了。退一步不是理亏，让一步不是软弱，而是修养和境界。

东汉有个儒生名叫刘宽，有一次他赶着牛回家，路上遇到一个村民，说刘宽的牛是自己刚丢的。

刘宽看他衣衫褴褛，心知这牛对他十分重要，于是没有和他争论，把牛给了他。

结果没过几天，村民找上门来，告诉刘宽自己的牛已经找到了，自己错怪了他。刘宽说："世上相像的东西太多了，有时难免误认，有劳你把牛送回来，又道什么歉呢。"

州里的人都因为这件事佩服他的修养，纷纷举荐他，后来他官运亨通，也深受同僚敬重，官至太尉。

很多时候，与其大声争辩，执意分个是非对错，倒不如退一步，让一分。信你的人不必说，不信你的人说再多也没用。与其闹得大家都不自在，倒不如让时间来说话，让真相来解答。

02

《商业周刊》创始人金惟纯先生在家里经常给孩子提建议，纠正孩子的错误，告诉孩子应该怎样做。在他看来，沟通就是自己单方面的教育，然而他和孩子的关系却越来越差。

直到有一次，他听孩子抱怨了接近五小时后，二人的关系才有所缓和，他这时才发现：人和人的关系原来这么简单——你听我的，我就听你的，仅此而已。

每个人都不是一座孤岛，大家彼此相通，彼此连接。一个人的幸福感多少从不取决于他战胜了多少人，而取决于他理解了多少人。

真诚的沟通让孤岛被链接，让人们在彼此确认中感受到幸福与力量。

作家李小墨说："始终要在言语上胜过他人，是我见过的最低情商的行为。"

有些人眼里只有胜负，没有别人；只有面子，没有感情。句句反驳、字字雄辩，只为压倒别人，到头来，输光了人缘，败光了人品。

与人相处时不要总是以口舌争胜，要学着安慰、倾听、理解。要记住，安慰，永远比指责更重要；倾听，永远比诉说更重要；理解，永远比战胜更重要。

读书，是许多烦恼的解药

作家林语堂曾说："读书，可开茅塞，除鄙见，得新知，增学问，广识见，养性灵。"

很多时候，人之所以陷入痛苦，烦恼不断，就是因为读书太少。倘若一个人学识不够多，见识不够广，认知水平又始终在原地踏步，就容易缺少解决生活中难题的能力。

01

雨果说："各种各样的蠢事，在每天阅读好书的作用下，仿佛烤在火上的纸一样渐渐燃尽。"这世上少有人的生活没有烦恼，读书，是许多烦恼的解药。

生活往往就是这样，一个人读的书不多，见识难免受限，在面对问题时很难辩证看待，也很难想开，稍微遇到一点不顺，就容易消极悲观，郁郁寡欢，困在低落的情绪里。

只有在不断阅读的过程中修身养性，人才能提升认知水平，一步步把自己从迷茫、困惑的谷底拉上来。

作家赫尔岑曾说："书籍是最有耐心、最能忍耐和最令人愉快的伙伴，在任何艰难困苦的时刻，它都不会抛弃你。"书就像药，读书不仅可以医愚，还有助于人战胜生活困苦，不断成长蜕变。

我很喜欢《你当像鸟飞往你的山》这本书，书中记录了女孩塔拉鼓舞人心的真实故事。塔拉出生于一个与常人不同的家庭，父亲偏执又愚昧，不允许她上学，母亲唯唯诺诺，毫无主见。她生长于一个偏僻落后的小山村，童年几乎完全由垃圾场中的废铜烂铁铸成，那里没有读书声，只有起重机的轰鸣。17岁前，她从未踏进教室一步，几乎每天都在养猪喂牛。

可就是这样一个贫苦女孩，后来却成为剑桥大学的博士，还被《时代》杂志评为"年度影响力人物"。

改变她的正是书。看到哥哥通过读书逃离大山，奔向大学和更好的人生，塔拉受到影响，也开始读书，她想摆脱困苦、闭塞的生活。凭借日复一日的积累，她不仅获得了大学的录取通知书，还成了著名的作家。

靠阅读振翅飞出大山、完成自我救赎后，塔拉万分感慨地说："我曾怯懦、崩溃、自我怀疑，内心里有什么东西腐烂了，恶臭熏天。直到我逃离大山，打开另一个世界，那是读书给我的新世界。"

读书，是治愈生活困苦的良药，读书的目的不在于借此取得多大的成就，而在于当你被拖入泥潭时，你会有一种内在的力量，让你向更好的人生靠近。

02

我很喜欢诗人普希金的一句话："人的影响短暂而微弱，书的影响则广泛而深远。"读书越多，心胸越大，视野越宽，越会觉得天下无一个不是好人。

阅读是一个人提升自我的最好方式。读书越多，境界越高，格局越大；读书越多，越能理解这个世界，发现世界的美好。

三毛从小就喜欢看书，书里的文字不仅给了她独自闯荡的勇气，还开阔了她的胸襟，让她在远赴撒哈拉沙漠的过程中，无论遇到什么人、什么事，都能以好的心态从容应对。

看到物资匮乏、贫瘠荒凉的沙漠，她没有逃避，反而把它当成乐趣横生、洋溢着旺盛生命力的绝佳栖息地；遇到那些通常被认为无知愚昧的村民，她没有反感，反而觉得他们是单纯善良、可以交心的好朋友；就连经常向她索取各种东西的邻居，她也能善良相待，称他们为"芳邻"。

那些读过的文字早已融进三毛的血液，让她拥有海纳百川的气度和胸怀，既能包容世界的不完美，容忍他人的不足，又能心存善念，看见万事万物美好的那一面。

每读一本书，都是在和优秀的作者进行谈话，与卓越的思想碰撞交流。读书能使你的精神得到慰藉，思想得到升华，让你多一些从容快乐，少一些浅薄无知，摆脱狭隘的痛苦与烦恼，用低成本走高级的成长之路。

算计，是贫穷的开始

01

我们在生活中有时会遇到这样一些人，他们自以为占尽了便宜，机关算尽，结果却是一场空。

人生就是一条路，越算计，路越窄，最终只会断了自己的后路；越厚道，路越宽，最终受益的也是自己。

我之前外出采风时，遇到一片长势格外好的玉米地，打算买一些带回家。

在与大爷一起掰玉米时，我好奇地问大爷："我路过此地，发现你家的玉米长得格外好，这是怎么做到的呢？"

大爷回答："这很简单啊，我每年都把最好的玉米种子分享给我的邻居。"

我愕然。他笑着说："只有周围的玉米种子都是好的，到授粉的时候，才能得到最好的啊！"

正所谓："小胜靠智，大胜靠德。"唯有真心待人，才会收获真心；唯有厚道做事，才能收获长远。为人处世坦诚厚道，才是一种大智慧。

02

《论语》中有句话："君子坦荡荡，小人长戚戚。"大致意思是，做人心地光明，自然活得坦然；每天工于心计，必然活得很累。

前一段时间，单位里曹哥的遭遇令人万分叹惜。

曹哥是一个有能力又有想法的人，如果他把心思放在自己的业务上，晋升职称早就是水到渠成的事。然而，他总是想走捷径，有功就第一个站出来抢，有过就往别人身上推。

平时，他不是算计别人，就是担心被人算计，整日揣度心思，常常是人家不经意的一句话，在他那里就变成了别有深意。

最近要评职称了，他心思愈发重，总想给别人"使绊子"，又怕自己被人谋算，结果竟然在评职称前一天突然病倒，错过了他退休前的最后一次评职称。钻营了一辈子，终是一场空，还落得一身病，令人唏嘘。

我大学刚毕业时，有一段时间也特别得意于自己的"聪明"。我知道哪家店的菜最便宜，哪怕只比其他店便宜几毛钱；也知道 10 公里内，哪家快餐店送的米饭多；我知道什么时候面包店会打折；也知道信用卡每周几吃饭有折扣；等等。

但不知道为何，那段时间我却经常生病，还找不到病因。刚好我认识一位心理医生，她知道我的症状后，说可能是我平时过于"计较"才会这样。太能算计的人，思虑过多，一般心率都比较快，睡眠质量不好，容易免疫力下降……

后来，我改掉了这个习惯，身体竟然逐渐好了。

算计，是一种极度内耗的行为。一个精于算计的人，表面上占了便宜，实际却失去了人生中更宝贵的东西——身心的安宁。

周国平说过："在五光十色的现代世界中，让我们记住一个古老的真理，活得简单才能活得自由。"

算计是心灵的枷锁，简单是幸福的源泉。简单做人，才是一个人最大的"精明"。

03

我小时候听过一个哲理故事，印象颇深。

城里有两家店，一家洗衣店，一家制陶店。制陶匠眼看着对面洗衣店的生意日益兴隆，内心越来越失衡，便起了歹意。他找到当朝丞相献言："洗衣匠有一门独特的手艺，能将黑象洗成白象。"

丞相一听十分欣喜，白象寓意很好，他随即下令命洗衣匠把黑象洗成白象。

接到命令的洗衣匠，天天愁眉苦脸，无心做生意，制陶匠看在眼里，乐在心里。后来，洗衣匠的妻子明白事情始末后，给他出了个主意。

次日，制陶匠就收到了命令："请务必在三日内造出能装下大象的陶盆，以备清洗。"制陶匠顿时傻眼了。最后他因为制不出符合要求的陶盆而被处罚了。

算计与手段，竟然变成了自己给自己设的局。

你对别人的算计，最终会返还到你的身上。你若算计朋友，必将与朋友离心，最终孤立无援；你若算计伙伴，必将失去诚信，最终生意成空。你算计别人那一刻，便是你走下坡路之时。

小说家查尔斯·狄更斯所著的《大卫·科波菲尔》中，让人印象最深刻的就是两个同样贫穷的人却拥有截然不同的结局。

169

一个是阴险奸诈的乌利亚，他自卑于自己的贫穷与地位低下，觊觎、憎恨他人的财富，所以总在人前伪装自己，人后却算计自己的老板，无所不用其极地谋划侵占其财产，然而最终计划落空，众叛亲离，还差点把自己送进监狱。

另一个是同样贫穷的米考伯，虽然他生活窘迫，背负巨额外债，但依然善良乐观，高尚淳朴，有自己的风骨和原则，最终获得了大家的帮助，解决了债务危机。

自以为聪明的人，不一定有好下场，世上最聪明的人或许是老实人。

正所谓："君子以厚德载物。"其实决定一个人最终成就的不是点滴的利益得失，而是其远见和拙诚。往后余生，少点算计，多点坦诚，方能走远路、行好运。

行有所止，欲有所制

哲学家苏格拉底曾说："知足是天然的财富，欲望是人为的贫穷。"很多时候，人生之所以有万千烦恼，不是因为所得太少，而是因为想要太多。

01

艺术家洪浩曾以《我的东西》为主题创作过一组摄影作品。他每买一件物品，就拍照留念，然后把它们合成在一张照片里。

起初看到照片里全是自己想要的东西，洪浩觉得赏心悦目。可当物品越来越多时，他开始有些不适。

后来，物品越来越多，逐渐占据整个画面，一种近乎窒息的压迫感扑面而来，他才顿悟："以前物质匮乏，快乐却不少见，如今快乐只能从物质上找到，可没想到为这个快乐付出的痛苦，却比以前更大。"

想通这点之后，洪浩开始有意控制自己的消费欲，定期清理不需要的物品。整整三年，他努力精简自己的生活用品，每年只去两次商店，身边只留常用的东西。

当他从物质生活中解脱后，他才找到让自己舒服的生活节奏，也有更多时间去做他真正喜欢的事情。

心理学家休·麦凯曾在《欲望心理学》一书中提到一个"欲望—幸福"曲线：当一个人欲望很小的时候，只要一点小小的期望被满足，就会感受到莫大的幸福；可当欲望增加到一定程度时，幸福感非但不会相应提升，反而会迅速跌入谷底。

人一旦陷入难填的欲望，就会不断消耗自己。学会节制自己的欲望，才能在物欲横流的世界修得知足，守得清欢。

02

生活中诱惑丛生，我们时常面临内心的考验与选择。若不懂得克制欲望，很容易在诱惑面前迷失方向，最终因小失大。

著名实业家李书福最开始从事的是实体行业，可眼见自己辛辛苦苦数年的经营，还不如朋友投资一个月的收入。他按捺不住内心的欲望，关掉了自己的公司，拿着几千万元的资金跟风投资。

投资人王啸有过大概这样一个观点，每个人都想做大，但成功的人会控制做大的欲望。那些什么都想做，却什么都做不好的人，往往不是输在能力，而是输在和能力不匹配的欲望。

结果李书福非但没挣到钱，还亏光了所有积蓄。事后反思，他才发现，是内心的贪欲冲散了他的理智。此后 30 年，他老老实实做回本行，不赚快钱，一步一个脚印，最终打造了国内领先的汽车品牌。

人这一生应所求有度，过则成灾。

与其奔走于层出不穷的诱惑之间，最终被自己的欲望反噬，不如减少不必要的物欲，把时间留给真正值得追求的事。

03

以前看毕淑敏的书时，也学着书上内容做过一个实验，具体如下。我邀请一位朋友，让他在购物车中加入十样东西，我给他买单。他兴致勃勃地选好了想要的礼物。

后来，我让他删去其中五个，他开始眉头紧锁了。最后，我对他说，只能送他一个，他开始十分痛苦，感觉不是获得了一个礼物，而是失去了九个礼物。

正如毕淑敏所言："舍弃是痛苦的，但这便是成熟的代价。"

一个人阅历不够时，只会觉得眼前的一切都是自己想要的。直到看过了世间百态，才会明白人这一生其实所需甚少。真正的幸福不在于所得多寡，而在于精神是否富足。

作家格勒汉姆成名后，热衷于买奢侈品、参加舞会，只为证明自己成功了。而当人们开始羡慕他过上富裕的生活时，他却发现自己并没有想象中那么快乐。

他住着豪宅，只觉得拥挤不堪；面对满屋的奢侈品，更是感到空虚不已。直到一次旅行时，他身处辽阔的田野，看着无边的星空，才感受到久违的自由与放松，而那一刻他发现自己除了帐篷，其实一无所有。

这让他开始反思平时的生活方式，他发现争名逐利满足的只是稍纵即逝的虚荣心，而他却在这个过程中越来越累。

旅程结束后，他清理掉满屋奢侈品，推掉一切消遣式社交，一个人看书、听音乐、写作，享受独处的时光。远离了那些浮华与喧嚣，格勒汉姆终于在生活中找到了慰藉。

他说："现在人均居住面积是 50 年前的三倍，但用来安放幸福的空间反而变少了，这不是巧合。我们必须时常检查行囊，看看里边装的是未来的可能性，还是阻碍你享受更多风景的累赘。"

生命本就是一个去芜存菁的过程，精神上与物质上的权衡取舍，才是一个人不断走向成熟的标志。

人生下半场应给思想做加法、欲望做减法。不被繁芜的欲望"俘虏"，不被浮华的生活"绑架"，懂得节制，才能活得简单又克制，享受舒缓与坦然。

阅己，越己，悦己

柏拉图在《理想国》里说："我们一直寻找的，却是自己原本早已拥有的；我们总是东张西望，唯独漏了自己想要的，这就是我们至今难以如愿以偿的原因。"

庸人自扰，智者自渡，我们必须明白，这世界上真正的解忧人是自己。

01

阅己：认清自己，才能重建生活。

《半山文集》里有这么一句话："读一百本书，不如把一本喜欢的书读十遍；把一本书读十遍，不如把自己的人生经历反省一遍。阅人，真不如阅己。"活得明白的人，往往会在经历中认识自己，在反省中成为自己。

林清玄成名很早，年轻时就有了些成就。在忙忙碌碌中，他渐渐变得放纵不羁。

一段时间后，林清玄的生活接二连三地发生变故：妻子离家出走，好友古龙因肝硬化离世……他心灰意冷，开始重新审视自己、反思生活。他毅然辞去工作，上山清修，与自己为伴，近三年后才回到都市。

经过这段时间的自我省察，他的内心变得更加从容、充盈，也能更加自在地面对世事变化。

未经审视的人生，是不值得过的。聪明的人会看到自己的缺点，愚蠢的人却只看到自己的优点，只有认清自己，才能理顺生活的心绪。

02

越己：优于过去的自己，未来才可期。

人活着，要在自我审视中看清方向，更要在不确定中勇往直前。敢于突破自己的天花板，才能完成华丽的转变。

我看过一部纪录片叫《中国人的活法》。其中有一集的主人公叫孔龙震，是一名热爱画画的卡车司机。

他从小爱画画，但是那时学校没有开设美术课，以至于一些家长觉得美术是没必要学习的。

叛逆期加上学习成绩不好，他在 15 岁时辍学，先后开过出租车、中巴车、卡车。直到在一次车祸中经历了生死瞬间，他才有了感悟："如果不用画画来实现我的人生价值，我实在找不到支撑我奋斗下去的信念。"之后，他直接将画板、画笔放在驾驶室，在等货的时候、休息的间隙，抓住每一个可以画画的机会。在灵感迸发的早晨，他甚至会取消出车计划，埋头创作。

对于那些"他能画出什么"的质疑，他一笑置之。他也不知道自己能画成什么样，只是想坚持自己的信念。直到 2015 年，孔龙震的作品被搬上丹麦"康纳国际艺术展"，成为继徐悲鸿、齐白石和叶浅予后第四位受邀参展的中国人。

电影《超越》里，主人公郝超越说过这么一句话："你知道百米最美妙的是什么吗？是枪响后，这世界只剩你和终点。"

人生最大的障碍不是别人，而是自己。留在原地很容易，但坚持突破的人才会看到更多风景。真正的成长，是不断超越过去的自己。

03

悦己：取悦自己，才是最好的自律。

生活中，你有没有过类似经历：事事以别人为先，从来不考虑自己的想法；总是因为别人的过错，责怪自己做得不好；不敢拒绝别人的要求，一次次放低自己。

你处处考虑别人的感受，可直到身心俱疲后，才发现自己在讨好别人的过程中迷失了自我。就像电影《阿飞正传》里的苏丽珍，她为了维持自己与男友的感情，为了挽回离开的男友，一次次委屈自己，卑微地讨好男友。

到最后，她不仅没有使男友回心转意，反而在一次次的伤害和打击里丢掉了从前那个简单快乐的自己。

每个人都有自己独一无二的生活轨迹，过度在意别人的看法，就是失去自己的开始。那时你关注的永远是别人满不满意，而不是自己喜不喜欢、舒不舒服。

要知道，世界是自己的，与别人无关。通常人生只有短短三万多天，爱自己，才能真正接纳自己；做自己，才不辜负来这世间一趟；学会取悦自己，人生才会取悦你。

作家冯唐曾说："敢于做自己，敢于表达自己，敢于取悦自己，才能在这纷乱的世界中，站稳自己的位置，活出自己的格局。"

　　人生如逆旅，你我皆行人。唯有不断阅己、越己、悦己，才能活出生命的意义，拥有想要的生活。

内心丰盈的人，能活出无数种精彩

上大学时，我选修了一门管理学课程。有一次，年过半百的教授结合自己的阅历谈到对马斯洛需求层次的见解。他说："人这一辈子的精力和时间都有限，很难面面俱到。你要明白什么是最重要的，不要把过多精力消耗在物质层面，多花点心思去照顾家庭，去丰富精神世界。"

随着年岁渐长，经历的事情越来越多，我才逐渐明白多年前教授那番话的深意：内心丰盈的人，会努力去完善精神世界、家庭关系、最后才是物质水平。

01

海明威说："在一个奢华浪费的年代，人类真正需要的东西是非常少的。"我们滤除杂质的过程，其实也是丢掉负累的过程。

1956 年的冬季，哲学家李泽厚在《哲学研究》上发表了一系列文章，稿费加起来有 1000 元。这对于当时月工资 60 元左右的他来说，是一笔颇为可观的收入。

虽然他的经济条件变得宽裕，但衣食住行照旧，不穿好衣服，不戴名表。有人劝他给自己添置一身名牌服装，他拒绝了，说"名牌穿在身上是负担"。他专注于事业，最后写出了《美的历程》《中国近代思想史论》等著作。

一些人看似支配物质，实则被物质支配。我们穷尽心思占有的东西，有时却成为我们幸福路上的"绊脚石"。

古希腊哲学家艾皮科蒂塔曾说，一个人生活中的快乐，应该来自尽可能减少对于外来事物的依赖。

环球免税集团的创始人查克·费尼虽然是闻名于世的富豪，但一直坚持着简朴的生活方式。他身上破旧的眼镜是从杂货店里挑的，10 美元的手表是从地摊上买的，他说这块手表走得也很准。他没有自己的车，外出都乘坐公共交通工具，手里经常拎着一个塑料袋来装各种文件。

这就是查克·费尼的素简之道，没有琳琅满目的物品，身心落得自在；没有填不满的欲望，过得简单而丰盈。

心理学家巴里·施瓦茨提出过一个名为"选择悖论"的概念。他说幸福意味着拥有自由和选择，但更多的自由和选择并不能带来更多的幸福。相反，选择越多，幸福越少。

其实，我们身边的每一件东西，有时也是身上的包袱，学会给生命做减法，摒弃无关紧要的事物，过专注的生活，才能获得更广阔的空间。

02

林语堂说，理想的家庭生活，就是有一个言笑晏晏的妻子，几个可以和他在大雨中奔跑的可爱孩子。他用一生的爱，把理想变成了现实。

自结婚后，他除了写作，几乎把所有的时间都给了家庭。他经常用胶泥和蜡烛做一些漂亮的小物件并当作礼物送给孩子们。一有空闲，他就和孩子们一起吹肥皂泡。

穷苦时，他和妻子一起"把一分钱掰成两半花"；日子安稳后，他们一起享受生活。

二人也会闹矛盾，但每次林语堂都会主动哄妻子笑。在金婚那天，林语堂特意铸了一枚"金玉缘"的胸针，刻上詹姆斯·惠特坎·李莱的不朽名诗《老情人》，献给妻子。

走过半生我们会发现，家庭才是最重要的事业，经营家庭的用心程度决定了一家人生活的温度。再多的财富不如家庭和睦，再大的名声不如家庭幸福。

每个家都像一只小小的船，会载我们穿过漫长的岁月。

我们在少不更事时，常觉得世界之大，无处不可去；经历的事多了，才恍然明白家是这一生唯一的归宿。与其一心在外奔波，不如多花点心思顾好家庭。

03

我很喜欢看电影《肖申克的救赎》，其中有一个情节让我印象深刻。

主人公安迪因为在监狱里放《费加罗的婚礼》被典狱长关了两周，出来后仍然精神焕发。

在别人看来难熬的独囚生活，在安迪眼里却是他在这里过得最舒服的两周。安迪向众狱友解释道，觉得舒服是因为有莫扎特相伴。音乐在心中、在脑中，那是天籁之音，那是夺不走的宝贝。

如奥地利诗人里尔克所说："当灵魂失去庙宇，雨水就会滴在心上。"生而为人，不仅需要肉体的庇护所，更需要灵魂的栖息地。无论琴棋书画，还是吹拉弹唱，我们都应该有一种志趣来充实生活，丰盈内心。

　　内心如果是一片荒芜，生命也会跟着俗气不堪。内心丰盈的人，能把生命活出无数种精彩、无数种姿态。懂得滋养灵魂，才能在无数个看似平淡的日子里，不失去对生活的好奇心与探索心，不被磨难打倒。

　　我听过一句话："每块木头都可以成为一尊佛，只要去掉多余的部分。"生活也是如此。学会删繁就简，不汲汲营营，把精力放在有价值的事情上，才能活出自己想要的人生。

境界高的人，所见皆是风景

如果我们观察一滴水，放在眼前，晶莹剔透；放在显微镜下，全是杂质。人生也是如此，若放大细节，一直揪着细枝末节不放，只能看到一堆"破事"；但若站在一生的角度去衡量，很多事都会变得微不足道。

就如刘震云在《一日三秋》中说的："活到这个年龄了，想起过去许多糟心事，当时桩桩件件，都觉得事情挺大，挺不过去了，现在想想，都是扯淡。"

01

之前读过一段话："假如你是一棵树，别人对你的态度就是一阵又一阵的风，如果你总是很在意，随便一阵风都会让你剧烈晃动，甚至将你吹倒。"

人活于世，活的就是心态。百事从心起，若是心态不好，再小的事也能变成天大的事。比如因为领导一个不经意的眼神便惴惴不安，整晚都睡不好觉；刚进办公室时原本聊得火热的同事突然安静下来，就开始一整天疑神疑鬼，觉得同事在背后议论自己。

我很喜欢《平凡的世界》里的一句话："如果你不给自己烦恼，别人永远也不可能给你烦恼。"

蔡澜被金庸称为"真正潇洒的人"，二人经常出去旅游，旅游路上蔡澜总是怀着愉悦的心情。司机开车太过颠簸，他从不抱怨；导游脾气大，他也从不恼怒；食物不可口，他也会咀嚼得津津有味；在路上与人家起冲突，也一点都不耽误他旅游的心情。

金庸说："我会皱起眉头，他始终开怀大笑。"如游戏人间一样，蔡澜从不记挂那些让人心烦的小事，把日子过得悠然自在。

歌德说："人之幸福，全在于心之幸福。"心里装的东西太多，就无法装下幸福；脑子里想得太多，就无法注意到眼前的美好。

生活中的不称心有很多是自己与自己过不去导致的。如果看得透、想得开，无论你处于何种境地，都能不忧不惧，自得其乐。

02

我想起以前父亲和我说的一个老故事。

有一位颇为古板的老翁出门闲逛，碰到几个戏子在街上讨生计。老翁看不惯戏子们在大庭广众下卖唱，就上前嘲讽了几句。戏子们也不甘示弱，说拉弹唱齐上阵，狠狠地骂了老翁一顿，众人听得哄然大笑。

老翁气得胡须直颤，直接折回家里，把此事说给妻子听，谁料妻子却说："活该，他们又没招惹你，你这不是找不自在吗。"

生活中，每个人都会遇到与自己价值观相悖的事。若是遇见什么事都想指手画脚，最后只会闹得自己不舒服。懂得理解不同的观念，尊重不同的处世方式，心里就会少一些苛责，生活就会多一些惬意。

诸葛亮去世后，由蒋琬担任蜀国的丞相，主持朝政。他的一个名为杨戏的属下，性格孤僻，不善言谈。

蒋琬每次讲述朝政之事，杨戏总是应而不答。有人看不惯杨戏的做派，来蒋琬面前说起此事，认为杨戏对他如此轻慢，很不像话。

蒋琬却说："每个人都有自己的脾气秉性，让杨戏当面夸我，那可不是他的本性；让他当众指出我的不足，他会觉得我面子挂不住，下不了台。"

罗素曾说："须知人生的参差百态，乃是幸福的本源。"这个世界是多元的，用自己的尺丈量别人的生活，只会让自己不痛快。有大格局的人，内心更加平和，看万事万物都可爱；境界高的人，眼里无是非，目之所及皆是风景。

03

刘震云在《一地鸡毛》一书里，讲了一系列围绕"豆腐"产生的"破事"。因为买豆腐，书的主人公小林上班迟到，新来的大学生工作较真儿，自作主张地给他划了一个"迟到"。虽然，小林气鼓鼓地给自己改成"准时"，但他一整天心里都很不愉快，惦记着大学生会不会汇报他。

因为忘记把豆腐放进冰箱，豆腐馊了，老婆责备保姆没有及时把豆腐放进冰箱，保姆把责任推脱给小林。二人吵着吵着，小林开始指责老婆以前失手打碎过一个暖水壶，老婆却说小林清扫时打碎过一个花瓶。

小林的生活里充斥着这些鸡毛蒜皮的事情，因此心烦意乱，活成了可悲的模样。

一个人如果一直锱铢必较，只会流于苟且，陷入生活的泥淖。那些芝麻绿豆大的事，既可大如一座高山，压得人喘不过气；又可小如一粒尘埃，轻轻掸一下就散去。

20 世纪 80 年代，莫言在文坛初露锋芒。评论家王干在杂志上发表了一篇批判莫言的文章，言辞犀利，一点都不留情面。

之后，王干在鲁迅文学院偶遇了莫言，想着自己写的文章，便想回避一下。然而，莫言却主动开口说："你的那篇文章我看过了，写得挺好。朋友都说我被批评了，但在我看来，是以表扬为主。"

周国平在一次演讲中说："人生要有不较劲的智慧。"一滴墨汁落在一杯水里，会把水染浊；融入海里，却不会对大海有什么影响。打开自己的胸怀，接纳生活的磕磕碰碰，日子也会顺遂许多。

所谓"胸中天地宽，自有渡人船"。人的一生是万里河山，把心放宽，把格局撑开，则所见皆风景，所行皆坦途。

人际 · 最最难得是舒服

守边界，知进退，做个智慧人

在生活中，对社交距离的把握，反映一个人的层次和情商。口无遮拦的人，缺乏自省和智慧；言语不逊的人，缺乏换位思考和悲悯。

01

一段关系是怎样走向结束的？前段时间，一位叫阿顾的读者和我说了他的一段经历。

阿顾高中时家里出了些变故，不堪重负的他，曾在精神病院待过一段时间。当时这件事情只有他最好的朋友知道。阿顾小心地捂着自己这段过往，艰难走过了大学四年。

毕业后，他去那位朋友所在的城市找工作。朋友也很大方，找了家很好的饭店，喊了许多人为他接风。

但令阿顾没想到的是，自己深藏在心的过去，竟然成为朋友在饭桌上的谈资："我跟你们说，我这哥们儿，经历可不一般，他住过精神病院，厉害吧？阿顾，你来给大家说说，里面长什么样？饭好不好吃？"

那一瞬间，阿顾的脸涨成了猪肝色。从那以后，他便与这位朋友断了往来。朋友对此很是不解，一直追问为什么。

阿顾没有回答他。

在故事的结尾，阿顾写了这么一段话："无论关系有多熟，揭人短和开玩笑都是两回事。不分场合、毫无分寸的幽默，是把别人的痛苦当作笑料，往别人伤口上撒盐。"

年轻的时候，我们总以开玩笑的形式来显示与对方的亲密；年岁渐长，我们才明白，越是面对亲近的人，越不能将对方的痛楚和弱点作为自己的谈资。

没有分寸的玩笑，伤人而不自知。一次无心的调侃，可能会成为刺在别人心上的一把尖刀。

我们所谓的幽默感，也可能在不经意间击碎对方好不容易建立的尊严。

一个人的言行是他内心世界的折射。口无遮拦的人，要么涉世未深，未经历人世风雨；要么就只是坏，想以打压别人的方式来彰显自己的聪明。

02

我们每个人活在这世界上，都会遇到这样那样的难题，也都会有不足为外人道的苦衷。面对别人的提问，在避而不答和答非所问中，我们早已表明自己的态度。

可生活中总有一些人爱不断追问别人的过往，不断宣告别人的处境有多艰难。这是情商的缺位，也是悲悯之心的缺失。

早些年，我家所在的街道上搬来一位阿姨，她离了婚，独自带着孩子，过得颇为辛苦。当时，家里几位婶婶很同情她，每每遇见，都要嘘寒问暖一番。

相熟之后，她们好奇的阀门便开始关不住了，向这位阿姨打听她离婚的细节。她们知道了阿姨的丈夫对她家暴、在她孕期出轨，离婚多年，从未给过孩子一点生活费。

自那以后，几位婶婶每每见到阿姨，必然会对阿姨的前夫一顿痛斥，批判他德行败坏，这么狠心，连孩子都不管。阿姨一开始面露难色，不愿意旧事重提。可几位婶婶一见面就聊这个话题，不断将阿姨早已结痂的伤口一次次撕开、晒到阳光下。

时间久了，阿姨便开始躲着这几位婶婶。又过了一段时间，不堪其扰的阿姨搬离了我们所在的街道。

生活中，有些"关心"看似是一种热情，却令人如芒在背。我们无法对别人的经历感同身受，但可以不对别人的过往刨根问底。

真正有智慧的人，能体谅别人的苦衷，也会恰如其分地保持沉默。看破不说，看穿不言，懂得善待他人，才是顶级的善良。

03

美国心理学家斯坦利·霍尔曾经提出"人际距离"这一理论：由于人们之间的关系不同，亲近的距离也会有所不同。但毋庸置疑的是，无论亲疏远近，任何一段关系都需要守住交往的界限。

朋友涓子在大学教了十几年社会学，今年重新拾起了写作的爱好。潜心写作、坚持更新了三个月公众号后，竟也出了几篇"小爆文"。

于是，有位久不联系的同学提出，想向她学习新媒体写作。向来热心的涓子欣然应允，还特意将自己的经验整理成一份文档，给同学发了过去。

没想到，这位同学全然不把自己当外人，不管白天晚上，只要遇到问题就来向涓子请教。有时凌晨一两点还会打电话让涓子帮忙修改文章。涓子心里不大舒服，但碍于旧交，仍旧耐心地解答同学抛来的一连串问题。

后来有段时间涓子工作比较忙，常常不能及时回复同学的消息。没想到对方居然在朋友圈阴阳怪气地说她，忍无可忍的涓子一气之下拉黑了这位同学。

很多时候，一段关系之所以结束，往往是因为不堪其扰。经历得越多越会明白，人与人之间最好的相处方式，其实是"熟人生处"。

正如三毛所说："朋友再亲密，分寸不可差失，自以为熟，结果反生隔离。"

人与人相处，所有的分寸感背后都是一种修养。无论何时，都别开非善意的玩笑，别追问别人不愿提及的事情。

明知不问，行事有度，熟不逾矩，是对别人最大的尊重，也是生而为人最大的善良。

不论高下，不争输赢，求同更应存异

经常听到有人说，三观相合才是一路人，要与三观一致的人交往……可每个人的出身、阅历不同，所处环境不一样，很难在观念上完全一致。

世间没有完全契合的灵魂，所有好的关系都需要用心经营。真正成熟的关系，并不要求三观完全一致，重要的是无关紧要处不争对错。

01

曾看见一个问题：你做过最后悔的事情是什么？我私下思索良久，得出这样的答案：大概就是在对与错面前，总要与父母争一个理，最终伤了他们的心。

　　我的母亲已经六十多岁，患有皮肤病，我经常叮嘱她去正规医院检查，但她偏不听，经常找一些偏方或从"赤脚医生"那里抓几副药。我为此总是大发牢骚："妈，你怎么就听不进我的话呢？"母亲还喜欢看一些"伪养生"文章，经常将它们转发到朋友圈、各种微信群里。每次我都会很不耐烦地说教一番："妈，这些都是假的，不要再转发了，挺丢人的。"

　　直到有一天，我看见母亲往手臂皮肤溃烂处涂药。我拿起药瓶一看，什么说明都没有，就知道她又买了一些道听途说的膏药。我开口埋怨时，看见的却是母亲满头的白发，那时我忽然莫名地感到悲伤。

　　那时候我意识到，母亲并没有什么错，她只是老了。对于她们那一辈的人来说，身体有点小毛病就会用一些"偏方"，专家意味着权威，所以她才会相信那些养生文章。

　　在我们看来，她们的许多观念不合时宜，但她们一生就是这样走过来的。我们总是很轻易就能揪出父母的错，无比正确地告诉他们什么可以、什么不行。我们赢了道理，最后却换来父母的沉默。

　　《礼记》中说"孝子之养"，首先要"乐其心"。当我们讲道理、争对错的时候，我们没有想过，父母需要的不过是关心和陪伴。父母的很多观念、行为，在我们眼里或许是过时的、迂腐的，但那是他们过去的人生铸就的。与其争论，不如共情。看见父母的局限，体谅他们的脆弱，凡事包容以待，才是为人子女最大的孝顺。

02

一位长者和我说过一句话，大意是这样的：别人尊重你，不是因为你优秀，而是因为他很优秀。

人越成熟，越不会将自己的做事准则强加于别人，不会在自己发光的时候，吹灭别人的灯。

你可以喜欢吃高档的西餐，但不要嫌弃朋友中意于路边小摊；你可以喜欢读外国名著，但不要觉得朋友读一些网络小说就是层次低。很多时候，我们希望遇见合得来的朋友，但比一开始就情投意合更难得的是，我们为维系这段关系所做的包容。

喜剧大师卓别林有一位十分仰慕他的观众朋友。这位朋友是个棒球迷，他乐此不疲地拉着卓别林参观自己的各种棒球藏品，卓别林也兴致勃勃地跟着参观。后来卓别林还专门托人找到朋友喜欢的棒球明星，要了有其签名的棒球帽送给朋友。

卓别林和这位朋友，地位悬殊、兴趣不同，但他却能对这位朋友如此用心，令人羡慕。所以他的这位朋友直到两鬓斑白，依旧记得这份珍贵的情谊："今生能够成为卓别林的朋友，是我最大的荣幸。是他让我明白了什么叫作真正的尊重和真正的友谊，他的人格光芒，照亮了我的一生。"

人们常常感叹人心易凉，也总说好的关系需要步调一致，但世上根本没有思想、行为完全一致的人。求同是一种追求，存异才考验一个人的智慧。

珍贵的友情，从来没有身份感，没有高下之分。比三观一致更重要的是彼此在意、共同经营。很多时候，在人生路上你扶我一程，我渡你一段，到了最后彼此都不走丢，才是世上最珍贵的事。

03

在某节目上，有位辩手分享了自己的故事。有一次他和女友因为一件小事发生争吵，二人都觉得自己有理，谁也不肯让步。作为辩手，他轻易地找到女友的逻辑漏洞，于是列出论据逐一反驳对方。没想到他刚说完，女友更生气了。那时他才意识到，虽然自己可以用理智去与对方争辩，但女友需要的是爱和温柔。

年轻的时候，我们习惯于咄咄逼人，有时会以自以为绝对正确的姿态去与别人一争高下，目的是获得一份精神上的优越感。等到经历人世风雨，我们才会知道，在琐碎的日子里，比起争输赢，尊重更能让一段关系更长久。所谓举案齐眉的动人故事，不过是两个人相互包容，在平淡生活中缔造的温馨光景。

"汉语拼音之父"周有光与他的妻子张允和，一个是著名的语言学家，一个是家境优渥的大家闺秀。

他们一个喜欢西洋乐器，一个热爱传统音乐；一个爱喝咖啡，一个爱喝茶。但二人从不比较谁的爱好更高级，还会抽时间陪对方去做对方喜欢的事情。

二人也会吵架，但周有光的态度永远是不生气，他从不会用责难的语言去指责妻子，也不会炫耀自己的学识。要问他们婚姻幸福、长久的秘诀，大抵就是琐碎光阴中的妥协与尊重。

在一段亲密关系中，感情比对错重要，包容比改造重要。懂得求同存异、懂得尊重体谅，感情才能在岁月中更加温暖绵长。

对不喜欢的人：

不客气，不讨好，不在乎

　　马德所著的《把那些不喜欢你的人忘掉》中有一段话："一个人，风尘仆仆地活在这个世界上，要为喜欢自己的人而活着。这才是最好的态度。不要在不喜欢你的人那里丢掉了快乐，然后又在喜欢自己的人这里忘记了快乐。"

　　人生不易，别让那些不喜欢你的人，消磨了你的一生。最好的做法无非是：不客气，不讨好，不在乎。

01

　　三毛旅居撒哈拉沙漠时，租了一间破旧的房子，房子里斑痕遍布，污水滴漏。她和荷西花了许多心思进行装修改造，房子焕然一新。

有一天，房东走进房间，大摇大摆地各处看了看，便说："我早就对你们说，你们租下的是全撒哈拉最好的一幢房子，我想你现在总清楚了吧！这种水准的房子，现在用以前的价格是租不到的，我想——涨房租。"

房东看二人是外国人，以为他们好欺负，便想坐地起价欺负他们。

但三毛不愿意吃这个暗亏，她没有多说什么，只是拿出合约，冷淡地丢在房东面前，对他说："你涨房租，我明天就去告你。"

房东看三毛强势，怏怏地走了。

余华在《在细雨中呼喊》中写道："当我们凶狠地对待这个世界时，这个世界突然变得温文尔雅了。"

其实，该翻脸时就要翻脸。对于不怀好意的人，无须纵容，更不必客气。

活得明白的人，从来不会因为别人的刁难而委屈自己。他们敢于说不，他们知道，不是所有的柔软和妥协都能换来别人的友善。往后余生，做一个"不太好惹的人"，别亏待每一份真心，也别迎合每一份冷漠。

02

我看过一张寓意很深刻的图,名为《有些微笑,是以伤害自己为代价》。图上,一个完整的西瓜为了获得微笑,不得不被切开一个口子。于是,它每一次以微笑示人,都伴随着伤口。我们的生活中不乏这样的人,他们为了讨好别人,失去了自己原本的样子。

如果总是期待通过讨好别人来获得他人的青睐,或许最后会失去自己的整个人生。

就像《被嫌弃的松子的一生》里的主人公松子,松子单纯善良,但因为原生家庭,十分缺爱。

长大后,她放下自己的尊严,放低姿态,讨好身边的每一个人,父母、学生、爱人,结果却一次次被伤害、被嫌弃。

回看松子的一生,是孤独的、悲惨的,在悲剧的背后,你会发现她把自己的姿态放得太低了,从未好好爱过自己。

英国作家王尔德曾说:"爱自己,才是终生浪漫的开始。"眼里没有你的人,不必放在心上。不要迁就不喜欢你的人,不要迎合眼里没有你的人,更无须为了取悦别人而失去自己。

你要允许别人不喜欢你,也要允许自己不喜欢别人。不讨好的人生,才更肆意洒脱。

03

有一次，有位同学向复旦大学教授陈果提问，如果在别人喜欢你和自己喜欢自己中选一个，怎么选？陈果的观点我很喜欢，她说："两个都重要，但是在二者不能兼得的情况下，自己喜欢自己更重要。因为不管你活成什么样，总有人不喜欢你。所以当你活成真实的自己时，同样还是会有人喜欢你、有人不喜欢你，但是你会更喜欢你自己。"

人活一世，无论做得有多好、表现得有多出色，都不可能被所有人喜欢。

太在意别人的评价，只会给自己套上重重的枷锁；学会不在意，你会活得更自在、轻松。

你永远也改变不了一个对你有成见的人。不喜欢你的人，无论你做得多好，他们总是会挑你的毛病，让你不舒服。你要做的，是不把不喜欢你的人当回事儿。正如周国平先生所言，在某一类人身上不值得浪费任何感情，哪怕是愤怒的感情。

其实，这个世界上只有三种人：喜欢你的人、不喜欢你的人和陌生人。最傻的事，就是跑到不喜欢你的人那里去问为什么。人有千面，心有千变。对有些人来说，你解释越多，越显得无力；而对那些真正在意你的人而言，无须解释，自会懂得。

亲疏有度，远近相安

三毛说过这么一句话："朋友再亲密，分寸不可差失，自以为熟，结果反生隔离。"人与人之间关系再好，也要把握好尺度。

01

春晚经典小品《实诚人》讲了这样一个故事：魏积安和黄晓娟饰演的夫妻俩赶着吃完饭去看演出。这时，郭冬临饰演的小石，没打招呼就突然来到他们家里，还留下来吃饭了。吃饭时更是擅自打开了桌上的酒，慢悠悠地喝起来，一点不把自己当外人。眼看着演出开始的时间快到了，夫妻俩很着急。

黄晓娟先是暗示他："你早点回去，不然路上不安全。"见他还不走，只得硬着头皮明说："我有急事，新春音乐会马上开演了。"郭冬临依旧没眼色，说她有事可以先走，魏积安在家就行。
魏积安又不好意思赶他走，无奈地对妻子说："要不你先走吧，
我这有事走不开啊！"

明眼人都能看出，所谓"有事"指的就是郭冬临。没想到郭
冬临把票从魏积安手里抢过来，说："你有事就忙你的，我没事
啊！这演出票挺贵的，不能浪费。"这就是典型的没有分寸感的
表现。

生活中，这样的人并不少见。很少来往的亲戚，一开口不是
托你办事，就是借钱；合租的室友，总是不经你同意就进你的卧
室，睡你的床，开你的抽屉，翻看你的东西。

没有分寸感，是人际交往中的大忌。人与人相处最好的方
式，不是不分你我，而是熟不逾矩。

02

电影《一代宗师》里有句台词："做羹要讲究火候。火候不
到，众口难调；火候过了，事情就焦。"

这个火候，就是"度"。把握好"度"，才能维系一段感情。

胡适的太太江冬秀有个爱好，她特别喜欢打麻将。

在研究院的宿舍居住时，江冬秀为了打麻将，经常违反宿舍

规定。胡适屡劝不止，只好带着她搬了出去。

很多人不解，问胡适说，研究院的院长是你的学生，打个麻将也不是什么大事，你至于和他客气吗？

胡适回答道："正因为他是我的学生，我才不能麻烦他。"

很多时候，我们与人相处，不是不懂得亲近，而是不懂得"疏远"，模糊了自己与他人的界限，才导致关系变淡。

我很喜欢梁实秋在《谈友谊》里写过的一句话："君子之交淡如水，因为淡所以才能不腻，才能持久。"与人相处，凡事有分寸，熟不逾矩，感情才能长久。

03

人生有度，过则为灾。所有好的关系，都是自带边界感的。

杨绛的父亲杨荫杭就是一个很有边界感的人。杨绛读中学时，对于该学文还是该学理感到很迷茫。老师给她的建议是学理。当她去征求父亲的意见时，父亲却对她说："没什么该不该，最喜欢什么，就选择什么。"

杨绛觉得父亲太纵容自己，父亲却说："喜欢的就是性之所近，才是自己最相宜的。不要太在意外界的评价，你应该选择你喜欢的和有兴趣的。"最终，杨绛听从了自己内心的声音，选择了文科。

父亲这种适度引导孩子但又不越界的教育方式深深影响了杨绛。为人父母后，她也给予孩子足够的空间和尊重，让孩子去做自己喜欢做的事。

不论多么亲密的关系，都有不可逾越的界限。保护好自己的边界，不侵犯他人的边界，是所有关系中最重要的两件事情。不让别人过多介入自己的生活，是一种智慧；不过多介入别人的生活，是一种修养。

与人相处，关系太远，容易生疏；关系太近，容易生厌。最好的关系，是亲近地保持距离。

亲疏有度，才能久处不累；远近相安，才能彼此牵挂。

相忘于江湖，笑着说再见

久未联系的阿美发朋友圈晒自家儿子的照片，我本想私信她聊聊天，却不知道该如何开口。我突然有点难过：曾经无话不说的好友，怎么会变得无话可说了？

上学时，我们一群人关系好得不分你我。刚毕业时，我们也会隔三岔五地分享各自的近况，一有时间就聚在一起谈天说地。

然而，因为生活节奏各不相同，大家的联系越来越少。说好了见证彼此的人生大事，但谁也抽不开身，只能送上一句轻飘飘的祝福。

春节期间，大家好不容易聚齐了，却发现除了回忆，一切都改变了。有人结婚生子，为生活琐事而烦恼；有人去了外地，为工作压力而焦虑。除了聊些陈年旧事，其他时候只有话不投机的尴尬。生活环境的变化，人生境遇的不同，让我们再也无法找回当初的默契。

人世间的离散，很多都没有惊心动魄的理由，只是时光流逝、各自成长的必然结果。交集少了，隔阂多了，就再也无法走进彼此现在的生活；境况变了，分歧多了，就再也无法理解彼此内心的世界。一见如故的情分，终会化为一别两宽的怀念。不是谁做错了什么，也不是距离带来的隔阂，而是圈子上和观念上的鸿沟让大家渐行渐远。

01

《红楼梦》中，邢岫烟人缘极好，妙玉则清高孤傲。看似性格迥异的两个人，曾是交情深厚的知己。当年，妙玉在蟠香寺修行，邢岫烟租住在庙里，二人仅一墙之隔，时常找彼此做伴。妙玉满腹经纶，邢岫烟便跟着妙玉识字学诗，二人既是贫贱之交，又有半师之缘。

后来，邢岫烟穷得走投无路，投靠了荣国府。孤苦无依的她，受尽白眼和冷落，性格变得随和安分。妙玉虽养尊处优，但她被迫出家，因佛门戒律倍感压抑，性格愈发孤僻任性。机缘巧合下，两位故交在贾府重逢了。

邢岫烟真诚坦荡，融入了大观园的热闹氛围，平日和大家一起吟诗作对、侃侃而谈，黛玉、宝钗都同她交往密切。

妙玉却自视甚高，嘲笑黛玉不懂茶，看不起刘姥姥的贫苦粗俗，还刻意摆出超凡脱俗的姿态。有一回，宝玉过生日，妙玉故作高深，在拜帖上自称"槛外人"。邢岫烟看到后，忍不住评价："他这脾气竟不能改，竟是生成这等放诞诡僻了……僧不僧，俗不俗，男不男，女不女，成个什么道理。"

此后，二人偶有交往，但邢岫烟明白，妙玉并非真心看重她。二人本就出身不同，在命运的巧合下相识，但随着在人生道路上渐行渐远，情谊也就淡去了。

不是一个世界里的人，感情终究无法长久。三观不合，是人与人之间最遥远的距离。频率相同，才能心意相通，相处起来才能不费力。

有时候，走着走着就会发现，过去的朋友已经不适合现在的自己，与其拼命挽留对方，不如在人生的岔路口好聚好散。

02

人生大抵如此，年少时风华正茂，在无忧无虑的时光中纵情欢笑，前呼后拥着结伴而行；中年时疲于奔命，在无穷无尽的琐事中耗尽精力，勉强维持着"点赞之交"；老年时力不从心，在平平淡淡的生活中对抗岁月，反复咀嚼过往回忆。

与君同舟渡，达岸各自归。在成年人的世界里，总有人向你奔来，又在半路匆匆退场。就像作家郑执在《生吞》中所说："散伙是人生常态，我们又不是什么例外。"人生每一场觥筹交错的热闹聚会，最后都会走向曲终人散的寂寥。

迎来送往是常态，不要奢望把谁留在自己身边一辈子。圈子不同，无法强融；三观不合，无话可说。志趣、观念、人生选择若出现差异，或早或晚，双方会变成两条失去交集的平行线，但不必遗憾，每个人都有自己的路要走，聚散不由你我，唯愿各自安好。

人与人之间的关系，远比我们想象的脆弱。很多人哪怕相见恨晚、形影不离，也难以抵挡命运的变幻莫测。正因如此，我们更应该领悟世间的无常，珍惜缘分的可贵。聚则不辜负每一寸真心，离则不沉溺每一段过往。只要彼此坦诚相待过，尽力包容过，即使要相忘于江湖，也可以笑着说再见。

淡如清水，脉脉不绝

很喜欢作家林语堂在《后台朋友》中的一段话：

"人的一生有前台，也有后台。前台是粉墨登场的所在，费尽心思化好了妆，穿好了戏服，准备好了台词，端起了架势，调匀了呼吸，一步步踱出去，使出浑身解数……然而，当他回到后台，脱下戏服，卸下妆彩，露出疲惫发黄的脸部时，后台有没有一个朋友在等他，和他说一句真心话，道一声辛苦了，或默默交换一个眼神，这眼神也许比前台的满堂彩都要受用，而且必要。"

岁月流转，阅尽千帆，我逐渐懂得，人这一生，有几个"后台朋友"，胜过万千点头之交。

01

后台朋友，不似酒香浓郁，却如茶香沁人；是人疲累时心灵的栖息地，是不断变化的世事中始终不变的那一抹牵挂。

父亲有一位好友，我叫他郑叔，他俩有半辈子的交情。每年春节过后，郑叔都会千里迢迢地从甘肃赶来浙江探望父亲。父亲在近年关时，也会特意把一间小屋清理干净，专门腾出来给郑叔小住。

相聚的那几天，他俩温上一壶黄酒，备上一碟花生米，再配上一些年货，可以从早上聊到黄昏，把各自在这一年经历的酸甜苦辣都倒出来，把碰到的一些有趣的事分享给对方，时常有说有笑，快活无比。

我曾询问父亲为什么和郑叔的关系那么好。原来，上大学时，郑叔家里比较困难，有一次连学费都凑不齐，郑叔甚至萌生了退学的念头。父亲主动拿出钱帮他渡过难关。自那以后，郑叔就把父亲认定为一辈子的朋友。虽然毕业后二人天各一方，各自为事业奔波，但这份情谊却能一直延续。

贾岛在《不欺》一诗中写道："掘井须到流，结交须到头。"最真挚的友谊，大抵就是如此。淡如清水，脉脉而不绝。

平日里，看似不冷不热，不急不躁，却默默关注着彼此，在乎着冷暖。各自忙碌，又互相牵挂，不用刻意想起，因为从未忘记。

正所谓，有没有情，要看相处；永不永恒，要看时间。后台朋友，不一定不离左右，不一定时刻联系，但一定时时记挂在心里。相隔再远，也不会冷淡；久不联系，也不会生疏。

02

三毛在《说朋道友》这篇文章里写过一句话："朋友这种关系，最美在于锦上添花……贵在雪中送炭。"人这一生，下雨了，才知道谁会给你送伞；遇事了，才知道谁真心对你。

1923 年，沈从文还是一个籍籍无名的穷小子。他离开老家湖南，口袋里揣着六元七角，独自坐火车来到北京。原本对未来生活的所有美好幻想，都在抵达北京的第一个冬天碎得稀烂。他寄出去的作品都石沉大海，音信全无。因为没有收入，他不得不暂住在一家破旧的会馆里。生活最拮据的时候，他整整三天没有吃过一口饭。

穷困潦倒的沈从文写信给十多个好友求助，但最后出现的只有郁达夫。那一天，北京下着大雪，寒风凛冽刺骨。郁达夫收到信后便匆忙赶往沈从文的住所，看到沈从文的窘境，难掩悲伤，竟一时说不出话。

他邀请沈从文一同去吃饭，结账时掏出身上仅有的五元钱，一元七角付了餐费，剩下的三元三角全部塞给了沈从文。他还将自己身上的浅灰色围巾摘下，掸去上面的雪花，披在沈从文肩上。回到住处后，深受感动的沈从义趴在床上，忍不住号啕大哭。

50 多年后，沈从文已经是声震文坛的大作家，两鬓斑白的他在提及此事时，依然忍不住热泪盈眶。

生活的前台里，大多数人锦上添花尤嫌不足，然而患难识人，泥泞识马。低谷时，唯有后台朋友愿意义无反顾地雪中送炭。

得意时，是朋友认识了我们；落难时，是我们认识了朋友。真正的朋友，是那个愿意为我们托底的人，无论境遇如何变化，他都不会吝啬于伸出那双手。

03

《小窗幽记》中写道："乍交之欢，不若使人无久处之厌。"和相处舒服的人在一起，关系才能细水长流。

红学大家周汝昌和书画家张伯驹的友谊一直为世人津津乐道。二人相差 20 岁，相识的时候，张伯驹在燕京大学担任国文系中国艺术史名誉导师，周汝昌只是一名大二的学生。

一个偶然的机会，二人因《红楼梦》结识，从此一拍即合，成为忘年交。周汝昌曾在《张伯驹词集》的序言中谈及二人的友谊："我少于伯驹先生者二十岁，彼此的身世、经历又绝无共同之点，而他不见弃，许为忘年交。原因固然并非一端，但倚声论曲，是其主要的友谊基础。"

张伯驹家中藏书众多，有时周汝昌前去拜访，张伯驹也不起身相迎、刻意寒暄，只是埋头做自己的事。周汝昌同样不以为意，翻找自己想看的书，对于主人也无半分讨好。周汝昌说："我到了张伯驹那里，我不理他，他也不理我，我要回学校了，也不告辞，出了门就走，我们那个关系没人能理解。"这段关系里，最让人自在的时光，尽在默契的不语里。

有时，我们在前台，为了生活，费尽心思推杯换盏，夸夸其谈；走进后台，才敢卸下疲累，明白寒暄客套不过是流于表面的形式，最难得的永远是朋友之间的心灵碰撞。没有逢场作戏的必要，亦没有谨言慎行的规矩。不强迫，不刻意，不伪装。淡淡相处，浅浅欢喜。

作家巴金说："友情在过去的生活里就像一盏明灯，照彻了我的灵魂，使我的生存有了一点点光彩。"人生天地之间，来来往往，皆是过客，能常伴身边的最终不过寥寥数人，能有几个这样的"后台朋友"，便不虚此生了。

真正的朋友都是"无用"的

成年人对自然和人生，往往比 20 岁的青年有更新鲜的印象。

人生的脚步踏入了 40 岁的旅程，生命便有了别样的风景。很多人年轻时总以为朋友是最珍贵的资源，熟人多了走遍天下都不怕，直到尝遍人情冷暖，才逐渐明白表面朋友好交，患难挚友难寻。

遇到的人越多，越能够明白，真正的朋友都是"无用"的。

01

我之前在一个培训班结识了一个朋友，对方为人热情，幽默风趣，颇有人缘。

后来因为换了工作，我很少有时间去培训班学习，与他便逐渐断了联系。结果没过几天，对方竟主动在微信上邀我出去吃饭。

酒过三巡，我们畅所欲言，相谈甚欢。就在气氛最融洽时，对方开口提出想让我帮忙介绍一份工作。

原来，他通过打听知道我在一家公司上班，而这家公司，偏偏是他面试多次都未成功的理想企业。

我这才反应过来，对方如此殷勤，是另有所图。但我还是如实表示，自己公司有明文规定，新员工入职要经过正规面试程序，最好的面试方法还是面试时带上相关作品，这样通过的概率会更大。

对方听到我的婉拒，瞬时变了脸色。

回到家，打开微信，我才发现对方把我拉黑了。虽然知道有各种可能，但想到自己曾将对方当朋友，对方却拿我当利益的靶子，心里还是忍不住难过。

欧阳修在《朋党论》中写过这样一句话："大凡君子与君子，以同道为朋；小人与小人，以同利为朋。此自然之理也。"

交朋友，最怕一方真心相待，推心置腹；另一方却因利而来，算盘满怀。随着年纪渐长，我愈发明白，与人交心不能靠算计，与朋友交往绝不能把利益得失看得太重。

国画大师徐悲鸿一生好友满天下，就是因为他从来不带着功利心结交朋友。徐悲鸿在最困难的时候，连饭都吃不起，他明明可以向好友借点钱以求果腹，却始终不愿意开口。

现实生活中，很多人交朋友都是因为有利可图，或者想要别人帮助自己。可是，当你手心向上寻求帮助时，别人未必看得起你。应像徐悲鸿，有一身傲骨，哪怕再落魄，也不依傍朋友。

你对待别人的方式，决定了你在别人心目中的位置。功利心太强的关系，就像泡沫一般，会轻易破碎。

王通在《中说》里有句话说得好："以利相交，利尽则散。以势相交，势败则倾。以权相交，权失则弃。以情相交，情断则伤。唯以心相交，方能成其久远。"

02

最好的友谊，永远是"无用"的，正如苏轼和巢谷的友谊。

巢谷是苏轼的同乡好友，苏轼被贬黄州后，他不远千里赶来，替苏轼开垦荒地，帮忙种田，二人饮酒作诗，畅游赤壁。可以说，在苏轼最落魄的时光里，是巢谷给了他慰藉和温暖。

后来苏轼被调回汴京，一时间风光无限，巢谷却悄悄地消失在苏轼眼前。直至苏轼再遭贬谪，巢谷才再次出现。此时他虽年逾古稀，体弱多病，但还是一心想去见苏轼一面。遗憾的是，他最终病逝于路上。

听此噩耗，苏轼悲从中来，不由得放声恸哭。

几千年后，他们之间这份纯粹的友谊依旧感动了无数人。巢谷在苏轼春风得意时，不阿谀攀附；在苏轼潦倒落寞时，也绝不生疏远离。

作家余秋雨曾说："友情因无所求而深刻。真正的朋友，不是一时的玩伴，也不是人脉，它不为任何功利原因而存在。"

真正的朋友或许不能替你锦上添花，但一定会为你雪中送炭。年纪渐长，我愈发清楚，那些看似"无用"的友谊，却最"有用"。

03

金庸曾经给蔡澜的书写过一篇序，里面提及他们二人的友谊。

他回忆起二人每每相聚，便同游世界各地，去不同的旅社食肆，闲暇时一同读书，谈古论今，好不快活。

二人常常在宴饮时悄声说些"悄悄话"，以此为乐，消磨时光。他们不聊金钱利弊，不攀富贵荣华，不附名誉声望，而是看古书，聊诗琴，品美酒，行世界。共同的兴趣爱好，拼凑起一段为世人津津乐道的绝佳友谊。

《孟子》有言："人之相识，贵在相知；人之相知，贵在知心。"交朋友，讲究的并非功利，而是心中有彼此；讲究的并非形影相伴，而是情深义重。

随着岁月渐长，年华渐老，我们才会逐渐懂得，最绵长的友情来自心灵的共振。不论双方高升低落，富贵贫寒，只要内心留有彼此的一片天空，那么偶尔的一声问候就会带来会心一笑。

弱者拆台，强者补台，智者搭台

01

有一句老话说得好："互相搭台，好戏连台；互相拆台，大家垮台。"在人生这个大舞台上，不会搭台的人，注定无法走很远。

《三国演义》里的袁氏兄弟就是很好的例子。

东汉末年，战乱四起，袁术和袁绍两兄弟，各自称霸一南一北，遥相呼应，很有一统天下的势头。连董卓都不掩忌惮，曾说："但杀二袁儿，则天下自服矣。"

但是，两兄弟同父异母，加上一直看不惯对方，谁都不甘心落入下风。

在诸侯讨伐董卓的关键时刻，二人互相拆台，针锋相对。袁术与袁绍的死对头公孙瓒结盟，袁绍则联合袁术的强敌刘表，两方成天互斗。

后来袁术获得玉玺称帝，但因治国无方导致众叛亲离，被曹操击败。袁绍全程冷眼旁观，甚至恨不得踩上一脚。袁术死后，曹操又转头攻打袁绍，成功"灭二袁"，成为最大赢家。

兄弟二人若联手，明明可得天下，却互相拆台，两败俱伤，便宜了他人。

这世间所有的人和事都是相互的。有时，拆了别人的台，也给自己挖了坑；堵了别人的道，也给自己封了路。

当我们抓起泥巴扔向别人的时候，最先弄脏的是自己的手。

02

你听过"龟兔双赢理论"吗？在山地时，兔子把乌龟驮在背上跑到河边；到了河边，乌龟又把兔子驮在背上游过河，也就有了"双赢"。

一人之力有穷尽，如果一直把他人的优秀视为眼中钉、肉中刺，自身只会局限在狭隘的思维模式里。如果换一种心态对待别人的闪光点，求知若渴地学习，看准时机去借力，生活自然会慢慢发生可喜的变化。

西北农林科技大学有一间"学霸宿舍",五个人全部考研成功,其中两个人保送清华直博。

在成长路上,她们搀扶彼此,成为彼此的助力。她们一起规划学习,遇到问题彼此请教,一有松懈彼此监督。当面临学校和研究方向的选择举棋不定时,她们互相给出建议;当保研、考研的同学面临选择导师的问题时,她们又通过各自的途径帮忙了解信息。

清代奇书《幽梦影》中有言:"云映日而成霞,泉挂岩而成瀑,所托者异,而名亦因之。此友道之所以可贵也。"

没有太阳的映照,云便无法变成绚烂的彩霞;没有山崖的存在,泉水便难以成为壮丽的瀑布。人与人之间最难得的关系,就是彼此成就,交相辉映。

03

人与人之间最大的差距不在于智力,而在于格局。格局低者,只在乎自我,坚持我要赢,但我要身边的人都输;格局高者,会顾及他人,信奉我要赢,但我要我身边的人一起赢。

真正的智者目光长远,从不会为他人设路障,让问题变得棘手。他们善于替人搭台,最大限度地利用资源,让大家都能从中获利。

　　我读书的时候，老师讲过一个哲理小故事。有个商人进城经商，在一条街上开了家店。但没过多久，他发现这条街上的商户们生意都很差，而且街道的路面坑坑洼洼，到处是残砖乱石。

　　商人觉得奇怪，就向其他商户请教原因。其他商户告诉他："路不好走，经过的人或车辆就会慢下来，人们走进店铺的概率就会增加，这样才能让生意更好。"

　　商人很不赞同这种行为。他不顾周围人的劝阻，搬走了路上的砖石，还找人修整了路面。从此，这条街人车畅行。而生意呢，不仅没有变差，反而更好。

　　众人疑惑不解，问他原因："路通畅了，人们驻足停留的机会少了，何以生意反倒更好了？"

　　商人答道："路不好，人们多绕道而行。经过的人少了，生意又怎能好？"

　　老子有言："既以为人，己愈有；既以与人，己愈多。"

　　人与人相处，利他，其实就是利己。你如何待人，别人就会如何待你，这是黄金定律；别人用什么方式对你，你就用什么方式对他，这是白金定律。

　　无论说话还是做事，与人为善，就是与己方便；不让人为难，就是让自己舒适。

与人相处：
适当服软，合理装傻，永远清醒

01

少不更事的时候，我们也曾习惯于滔滔不绝、咄咄逼人。有了一定阅历后才逐渐体会到，生活本没有那么多道理可讲。恋爱也好，友情也罢，学会妥协，适当服软，才能使一段感情温暖长久。

读饶平如先生的《平如美棠》时，总会为书中那对历经风霜、平淡相守的夫妻动容。他们经历过战乱、疾病、离别，风风雨雨走过 60 多年，一直情深意笃。共同度过的岁月里，二人也会闹矛盾，但每次都会以平如的一句"是我不对"结束。

饶平如先生说："对于男人，没有什么面子不面子的，过日子还是里子更重要。"

一段关系里，赢了架势，输了感情，是世上最不划算的"生意"。漫长人生路上，一段关系中，理解永远比正确重要，包容永远比输赢重要。

02

莎士比亚在《第十二夜》中有这样一句话："装傻装得好也是要靠才情的，他必须窥伺被他所取笑的人们的心情，了解他们的身份，还得看准了时机。这是一种和聪明人的艺术一样艰难的工作。"

世人皆追求聪明，但装傻才真正考验一个人的智慧和胸怀。

我在年轻的时候，曾和领导去一个饭局。当时有位 20 多岁的小伙子，在酒桌上大肆吹嘘，张口就说自己认识哪个能人、得过什么奖，说得天花乱坠。

这位小伙子我也见过，是合作公司一个刚入职、不起眼的小职员，更可笑的是，他提到的很多奖项，根本就是子虚乌有的。

我心中不快，正起身准备拆穿他，领导却悄悄拉了拉我的衣角示意我坐下。他自己呢，不仅全程微笑着看这位小伙子"表演"，还时不时搭上几句话。

回去的路上我问他，你怎么看得惯这种虚张声势、"满嘴跑火车"的人？领导说，你看他四处赔笑脸，不过是为了讨生活，就随他去吧，成年人的世界，不容易。

那时候我还似懂非懂，等到后来我也历经几番风雨，才理解了那份"看破不说破"。人越成熟，便越能体谅别人。知道人海中谁都不易，学会理解别人的软弱，也学会适当给人留余地。

所谓高情商，是懂得适时沉默，合理装傻。那些真正通透的人，往往都很懂得为别人着想，愿意放低姿态，释放善意。

03

我认识一位朋友，他40多岁开始创业，不曾想接下来的两三年，不仅赔光了老本，还欠下百来万元。此前看起来和他交情不错的人，那段时间都躲得远远的，生怕他开口借钱。

他去向原先单位的一些合作伙伴借钱，也被拒之门外，无奈之下，只得将一套最喜欢的房子卖了，填上了这个窟窿。几年后他东山再起，事业越做越大，原先那些人又纷纷贴了上来。

我问朋友，经历起落，是否会对世人感到心寒？

　　朋友说不会。他说他以前在高位时，总觉得自己很厉害，走到哪里都是一呼百应，创业后才明白，人缘不过是锦上添花的事情，真到了紧要关头，只能指望自己。

　　朋友的话，也令我感触颇深。步入社会，褪去了懵懂天真，我们也开始懂得现实世界的游戏规则。

　　困顿时不要寄希望于他人，要活成自己的希望；低谷时不要指望别人拉一把，要默默沉淀、暗自努力。一个人开始变得强大的标志，是无论处于高峰还是处于低谷，都能独自成军。

与优秀者交往，与同道者谋事

雅虎的创始人杨致远曾说："你的社交圈就是你的净值。"

确实，一个人的社交圈就像人生无形的指南，指引着你走向或好或坏的道路。和什么样的人在一起，你可能就会成为什么样的人，拥有什么样的人生。

01

巴菲特说过一句话："你最好跟比你优秀的人在一起，和优秀的人合伙，这样你将来也会不知不觉地变得更加优秀。"

在人生旅程中，保持怎样的姿态前行，往往与身边的人有很大关系。身边的人都很努力，你也会跟着努力上进；身边的人浑浑噩噩，你也会整日无所事事。

我上大学的时候，有两个学霸舍友，平时如果没课，二人会围坐在一起讨论一些话题，或者各自坐在各自的位置上读书。

刚开始，宿舍里另一位舍友没事总打游戏，热闹得很。看见他俩读书还招呼他们一起打游戏。

那两个同学没理他，自顾自学习去了。那位舍友又玩了一会儿游戏，觉得没意思，也收起手机拿出书来看，甚至后来也与其他人相约一起学习了。

你发现没有？优秀的圈子，就像一个巨大的磁场，在你懒惰懈怠时，会引导你前行。

路遥在《平凡的世界》里写道："一个人的思想还没有强大到自己能完全把握自己的时候，就需要在精神上依托另一个比自己更强的人。也许有一天，学生会变成自己老师的老师（这是常常会有的），但人在壮大过程中的每一个阶段，都需要求得当时比自己的认识更高明的指教。"

这就像我们熟知的"吸引力法则"：想成为什么样的人，你就要去靠近他。想学英语，就去结交英语好的朋友；想减肥，就去融入健身自律的圈子；想增长知识，就去加入阅读的人群……

正如曾国藩所说："一生之成败，皆关乎朋友之贤否。"一个人的磁场圈子，影响着一个人的成败。与优秀者同行，你才能变得更加优秀。

02

和靠谱的人共事，你会感到踏实和安心；和不靠谱的人共事，你会感到忐忑和不安。

电视剧《平凡的荣耀》深刻演绎了和不靠谱的人共事，可能产生的糟糕后果。

吴恪之是一家金融公司的投资经理，在一次交易中，吴恪之按照流程把工作所需的文件交给了同事许太平。许太平拿到文件，在递交给领导审核的过程中，因为马虎大意遗漏了一份补充协议。结果被领导发现，当场大发雷霆。

谁承想，许太平不仅没有承认错误，还试图将责任推到实习生身上。性格耿直的吴恪之为实习生打抱不平，揭穿了许太平的无耻行为，之后二人发生了激烈争执。

二人越吵越凶，许太平开始声称，吴恪之一开始给他的文件里，就缺失那份补充协议。结果，明明是许太平工作不仔细，最后吴恪之却被拉下水，挨了批评。

这就是和不靠谱的人共事的后果。一旦事情出现纰漏，你不仅要承受委屈，还要为对方的过错买单。而和靠谱的人共事，你会少走很多弯路，少受很多委屈。

靠谱的人，不在于做出了什么惊天动地的成绩，而在于他能坚守本分，踏踏实实地把其他人交代的每件事情都做好，不拖后腿。

靠谱的人，凡事有交代，件件有着落，事事有回音。

一个人最出色的能力，就是把手里的每件事情都做到让人放心。经历越多，越发觉得和靠谱的人共事是一种幸运。

03

人这一生会遇到无数人，但最大的幸福就是遇到一个懂你的人。他懂你的经历、遭遇，他懂你欲言又止背后的深意，他懂你身处喧嚣中的孤独。

《红字》的作者霍桑在 35 岁时迎来了人生的低谷期。他失业在家，家里大小支出全靠妻子微薄的工资。

霍桑很想继续坚持，实现自己的写作梦想，但看到忙碌的妻子又于心不忍。妻子看穿了他的心思，安慰他说："我一直都相信你会成为一个真正的作家，我有手有脚，可以照顾我们两个。"

在妻子的安慰和鼓励下，霍桑没有放弃心爱的写作，默默坚持了很多年。直到《红字》问世，广受好评，霍桑一时间声名大噪，终于有了出头的机会。

提起最想感谢的人，霍桑动情地说："感恩上苍，让我遇到了懂我的妻子。"如果没有妻子的支持，或许霍桑早就放弃了写作。

真正懂你的人，一定明白你内心真正渴求的东西，即便你身处低谷，他也会不离不弃；真正懂你的人，无论你做什么决定，他都会默默站在你身后。

作家廖一梅说："人这一生，遇到爱，遇到性，都不稀罕，稀罕的是遇到了解。"

你的幽默，懂你的人自能领会；你的难过，懂你的人感同身受；你的喜悦，懂你的人乐于倾听。

遇到一个真正懂你的人，或许比遇到一个爱你的人更幸运。

干净待人，清净待己

世界五彩斑斓，人们身处其中，不可避免地会染上不同的颜色。但人生最难得的，是在历尽沧桑后，仍保有赤子般的天真。干净，是一个人行走世间最好的底色。

01

我非常认同一个观点："真正有修养的人，位居高处而不世故，身处繁华却不功利。"

这句话用在季羡林身上最为妥帖。季羡林的一生，荣耀无数，光芒耀眼，他被誉为"学界泰斗"。但他对自己的评价仅有轻描淡写的六个字："我只是普通人"。

季羡林与清洁工魏林海交往的故事，至今为人津津乐道。魏林海年轻时在环卫所谋差，工作是打扫街道和厕所。闲暇时，他喜欢到处淘书，也经常"混入"北京大学听讲座，尤为钦佩季羡林。

有一次，魏林海与几位书画爱好者组织了一个书画展，想请名人题词。最初找到一位知名画家，不料此人听说他是清洁工后一口回绝。一气之下，魏林海直接上门请季羡林帮忙。季羡林知道他的身份和来意后，爽快地为书画展题词，并在新出的一本散文集上题字"梅花香自苦寒来"，一同赠送给魏林海留作纪念。

魏林海受宠若惊，万分感激，二人自此结下缘分。后来每年除夕，魏林海都会去季羡林家中拜年。季羡林也总是热情地请他进屋坐，侍以热茶。

多年后，魏林海在文章里提到，季羡林与他谈学问，说做人，忆往事，一点架子也没有。

待人的最高境界，是干净待人，是平等对待，是没有功利心，是不带目的地交往。

就如本杰明·富兰克林的那句名言："在人与人之间的关系中，对人生的幸福最重要的莫过于真实、诚意和廉洁。"

02

作家亦舒曾感叹："人，处于繁华落寞之间，为各种机缘所左右，很难择一事而终一生。"然而，心若清净，便无惧纷扰。

作家梭罗曾说，自己的屋子里有三张凳子，独处时用一张，交友时用两张，社交时用三张。而社交的这三张，一张留给自己，一张留给增长的见识，一张留给促膝长谈的乐趣。如果还有其他凳子，就显得多余了。

因为有了四张，就想凑一桌娱乐，如果有五张，"名"和"利"就要大摇大摆地坐进来了。

居里夫人与其丈夫结婚时，会客室里也只有一张餐桌和两把椅子。居里夫人的父亲看到家具过于简陋，便想要赠送他们一套豪华的家具，但夫妇俩婉拒了。他们觉得，有了沙发和软椅，就要去打扫，而且如果家里来了爱闲谈的客人，一坐下不走，那就更糟糕了。

他们清理了内心多余的对物质和应酬的渴求，将有限的时间都用来成全自己和热爱的事业。

那些活得通透的人，往往身在世俗，而不同流于俗。

03

有一句话我非常喜欢："只有用水将心上的雾气淘洗干净，荣光才会照亮最初的梦想。"

成年人的世界充满了诱惑与考验，唯有保持本心，才能更自在地做自己，过好生活。

干净是一个人最大的福气，是一种返璞归真的人格魅力，更代表着一个人的修为与涵养。

希望我们都能做一个干净的人，心无杂质，品无瑕疵，不畏世俗人言，不被功名利禄捆绑，就像荷莲，出淤泥而不染。见过世间黑暗，内心依然澄澈；遍历风雨坎坷，依旧保持初心与善意，活得简单，过得自在。

清理无意义的执念，轻装上阵

很多人在年轻时，总会给生活做加法：见到喜欢的东西，不考虑需不需要，只管买下；步入社会，忽略自我感受，经营的人际关系越来越复杂。

走得远了，经历得多了，总有一些心事累加在心头。起初房子是空的、心是澄澈的，后来，添置的物件越来越多，应付的事情越来越烦琐，生活也开始变得越来越复杂。

有句话说，会布局人生的人，内心一定是极简的。懂得做减法才是真正成熟的开始。不管物质还是精神，扔掉不必要的包袱和累赘，才能把更多有价值的事物请进生活里。

01

实验心理学家威廉·詹姆斯曾提出一个"鸟笼效应"。说的是如果一个人的客厅里有一个空鸟笼，那么过段时间，他很可能会买只鸟回来养，而不是把笼子丢掉。

这种被物品所累、成为物品的"俘虏"的状况，在生活中很常见。比方说，家中有一些看着漂亮，却很占空间的纸盒，我们不仅不会扔掉它们，反而会在里面堆更多无用的东西。时间一久，那些闲置的东西通常会沦为垃圾。

我们总是习惯于将生活中看似有用、实则无用的东西留下来，于是，东西越来越多，余地越来越少。

《断舍离》一书的作者、日本杂物管理咨询师山下英子曾写道："进，则出；出，则进；然后，再出，这一简单的生命机制，隐藏着巨大的力量。"

若是想要迎接新的事物，就必须狠心处理掉生活中的无用之物。唯有及时舍去，让物件有进有出，心情才会顺畅。

02

活在这个世上，总有让你不舒服的人际关系。有人觉得你好说话，什么事都找你帮忙，你帮了，他认为是本分；你没帮，他就在背后中伤你。

还有人与你三观不同，很小的问题都能和你争得耳红面赤。碍于面子，你总是默许对方对你采用这种态度，却在不知不觉中委屈了自己。

清理掉一些无用的社交，让每段关系都脉络分明。成年人的世界，本就人事纷扰，不妨大胆一些，试着丢掉那些让人不舒服的人际关系。

我有一个作者朋友，他在与人相处时，最大的特点就是"既不热络，也不冷淡"。我曾热心地准备将他拉进一些平台的微信群里，却遭到了他的拒绝。

他告诉我，过多无用的信息让人焦虑，"被迫营业"的交往叫人心烦。

在此之前，他已经退出很多无用的微信群，为的就是减少不必要的人际往来。

他还说，选择与自己喜欢的人交流，远离让自己不舒服的社交，善待自己的情绪，这种感觉真好。

我们确实不必为了成全其他人而委屈自己。让自己憋屈的事，就拒绝；生命中无缘的人，就放手；伤害过你的人，就离开。人与人之间这样相处，双方都会觉得很简单、很舒服。

03

印度诗人泰戈尔说过一句话："有一个夜晚，我烧毁了所有记忆，从此我的梦就透明了；有一个早晨，我扔掉了所有的昨天，从此我的脚步就轻盈了。"

人生一世，草木一秋，最怕放不下执念，丢不掉烂事，过不好现在。

刘震云在《我不是潘金莲》这本小说里塑造的女主人公李雪莲，便是一个执念太深的女人。整整 20 年，她只为澄清一个早已尘埃落定的"假离婚"变"真离婚"的真相。

一开始，她放不下的是前夫秦玉河对自己的欺骗与背叛；后来，可能连她自己都没有意识到，她放不下的，是自己无穷无尽的执念。

她原本年轻貌美，又肯吃苦，离开了秦玉河，完全可以活得很好，但因为执念太深，她一直在旧事里纠缠，亲自把一手好牌打烂。

如果我们坚持和那些不好的人和事纠缠，放不过自己，那么最终伤害的可能是自己。

那些生命中毫无意义的坚持，那些只会给自己带来痛苦的抵抗，不会让你更有生活的动力，只会让你感觉更疲惫。有些路，真的是回头才有岸，重新启航才有方向。学着清理无意义的执念，面对生活时轻装上阵，千万不要把自己的前路堵死了。

04

具有智慧的生活态度，莫过于物质极简，精神丰盈。

同种功能的物品，有了一件，就无须再买第二件；无用的物品，不要堆放，该扔就扔。只有腾出物理空间，内心才有余地。

不喜欢的饭局、应酬，能不去就不去，少你一个，没人会在意；面对那些让你不舒服、一味伤害你的人，果断一些，学会离开，及时止损。

圈子干净了，心才会跟着安宁。生活向来喜忧参半，永远不要和自己过不去。做一个拿得起、放得下的人，一个不困于心、不扰于情的人。

断绝不需要的物欲，舍弃不必要的圈子，割舍过深的执念。你若澄澈，世界就干净；你若简单，世界就不会复杂。

人生不是一场物质的盛宴，而是一场精神的修炼。愿我们都能学会极简生活，不为物扰，不为人怨，放过自己，把心腾出空，好好生活。

情绪·与自己的情绪和谐相处

吞下抱怨，咽下委屈，喂大格局

我听过一个"锅底法则"，意思是人生好比一口大锅，当你走到锅底时，只要肯努力，无论朝哪个方向走，都是向上的。

生活起起伏伏，高潮和低谷总是交替出现。或许你觉得前路迷茫，或许你感觉压力重重，但越是低谷处，越是困难时，越要迎难而上。

当你吞下抱怨，咽下委屈，喂大格局，生命自会豁然开朗。

01

之前看一个演讲时，我被感动得热泪盈眶。安徽省合肥浩强电子商务有限公司董事长崔万志，出生在肥东的一个农村家庭。他出生时，脐带绕颈，导致无法呼吸，落下了口齿不清、行动不便的病根。

因为身体原因，即便他以优异的成绩考上了重点高中，校长却拒绝了他的入学申请，还粗暴地将他的行李扔出了学校。

他父亲跪在地上整整两小时，也没为他求来一个上学的名额。

"我恨，我恨，我恨，为什么命运对我如此不公平。"看着他愤懑的表情，父亲捧着他的脸，对他说："抱怨没有用，书还要不要读？回家吧，一切靠自己。"

在家发奋自学三年，崔万志顺利考上大学，但毕业后，他又遇上了求职困境。投出去几百份简历却全都石沉大海。甚至有一次，他早早去人才市场排队，站在队伍前面负责招聘的主管见到他时说的第一句话就是："让开，别挡着后面的人。"

那天，冷风吹在他的脸上，格外凛冽。他耳边又响起父亲那句话：抱怨没有用，一切靠自己。他下定决心，放下所有的沮丧和顾虑，开始创业，从摆地摊开始，最后成立了自己的电商公司。

从白手起家到身价上亿，崔万志的创业道路并不是一帆风顺的。开书店时，书店被烧过；开超市时，超市被偷过；开公司时，欠了 400 多万元。

所有的委屈、挫折、痛苦，他都埋在心里，闭口不言。因为他深知抱怨没有用，一切只能靠自己。靠着这股韧劲，他把网店做到了同品类前列。

命运给了他"低的配置",他却沉默不语,全盘接受,努力活出"高配的人生"。

身处低谷时,不要打扰别人,把痛藏好,把嘴闭上。要记住,小孩子才会到处诉苦,成年人得学会自己扛事。

02

你有没有类似的经历:工作不顺心,失眠到半夜,在朋友圈编辑了一大段牢骚话,最后却一个字一个字删除了;感情遇到考验,犹豫再三,还是拨通了朋友的电话,脱口而出的却是离题万里的日常寒暄。

因为你明白,人与人之间的悲欢并不相通,发生在你身上的事故,别人听来可能只是个故事。

想起之前听过的一则寓言故事。一只猴子受伤后,留下一个伤口,路人看到以后,纷纷前来表示关心。于是,一有人问询,猴子就会扒开自己的伤口给对方看,希望得到对方的帮助。

然而路人只会短暂地观看伤口、叹息一声,并不能帮它消除伤痛。最后,猴子的伤口因为被一次次扒开而感染,猴子死掉了。

猴子的结局很可怜，然而这则寓言故事也告诉我们，每个人都在各自的苦海里泅渡，你的苦痛，别人或许可以理解，但永远无法感同身受。与其扒开自己的伤口，呼天抢地诉说自己的不幸，不如咬牙咽下委屈，低头默默前行。

正如作家三毛所说："世间的人和事，来和去都有它的时间，我们只需要把自己修炼成最好的样子，然后静静地等待就好了。"

我们很多人的人生并非坦途，高峰有时，低谷亦有时。面对生活的暴击，要学会做一个不动声色的大人，把情绪调整好，把委屈放一放，心怀希望，沉稳度日，用力生活。

只要沉得住气，咽得下痛，扛得住难，总有拨云见日之时。

03

顺境考验德行，逆境考验格局。一个人对待低谷的态度，往往能决定他人生的高度。

Facebook 首席运营官谢丽尔·桑德伯格被《福布斯》杂志评选为"全球最具影响力女性"。人生的前半场，她有体贴的丈夫、和睦的家庭，她一度认为自己是上天的宠儿。

然而，在她 40 岁那年，丈夫的意外离世狠狠撕碎了她完美的生活。她一度觉得，丈夫永久地离开了，孩子将不会拥有快乐的童年，而自己再也无法快乐了。

幸好，后来在朋友亚当·格兰的帮助下，她开始积极进行心理疗愈，无私地帮助同样受困的人，慢慢地，她重新找到了生活的勇气，还出版了一本书，人生重见光明。

经济学中有个著名的"拐点理论"，指的是任何一段上升趋势，都是从位于最低处的某个点延伸开来的。

从某种意义上说，一个人跌落时所处的谷底，往往也是成功的起点。很多时候，没有退路，才会有出路。身处黑暗，仍有真正的光。

落魄时不怨天尤人，挫败时不自暴自弃，失意时仍认真生活，熬过命运的淬炼，那些受过的伤，终将变成你坚硬的铠甲。

涤旧生新，放弃那些"烂梨"

有人买了一箱梨，因为天气太热，梨坏得很快。他怕浪费，每天挑几个最差的吃掉，最后吃了一箱烂梨。

吃完后这人想了想，写了副对联，上联是"放着好的吃烂的"，下联是"吃了烂的烂好的"，横批是"永远吃烂的"。

人生就像吃梨，如果一直盯着"烂梨"，只会越陷越深。

01

心理学上有个名词叫"沉没成本"，是指前期已经发生，与后期是否投入无关的成本。生活中，提到人们难以放弃沉没成本，是说一个人为某样东西付出的越多，越难以割舍。

很多人在感情中就是这样，明明知道这段感情已经没有结果，但总觉得不甘心，不愿意放手，折磨自己，折磨对方，最后落得两败俱伤。

当断不断，反受其乱。梨子坏了就要扔掉，处不来的朋友应尽快放下。

在金庸的小说里，有一个女子名为李莫愁，年轻时容貌甚美，日子过得顺风顺水，直到她遇见陆展元。

在终南山上，李莫愁与陆展元日久生情，定下婚约。可没想到，陆展元下山后，又在大理认识了何沅君，并与她结为夫妻。

自此，李莫愁一腔爱意变为满满的恨意。为了报复陆展元，她成了江湖里人见人怕的女魔头，几乎杀了陆展元亲弟弟陆立鼎满门。

她自己也因为忘不了陆展元，最后葬身于大火中。

人这一生，总要经历各种挫折，走错路、爱错人都是常有的事。行到半程，爱到半生，如果发现错误，一定要学会及时止损。人只有学会放下，才能重新收获美好与幸福。

02

每个人都厌恶损失，就像上文中的那个人，认为自己花钱买了梨，梨烂了就是损失。但如果为了挽回这份损失，要冒着吃坏肚子的风险，实在得不偿失。人生宝贵，要将时间花在美好的事物上。已经过去的事情就让它过去，未来才更值得期待。

《后汉书》里记载了这样一件事。一个叫孟敏的人背着瓦罐去集市上卖，一不小心，瓦罐掉到地上摔碎了，但是他头也不回地继续往前走。

旁边有个叫郭泰①的人看见了，就问他："为什么不回头看一眼呢？"他说："看有什么用，反正已经碎了。"

郭泰觉得此人谈吐不凡，拿得起、放得下，是个奇才，于是劝他进学。十年后，孟敏学成，闻名天下。

不要对着摔破的瓦罐哭泣，也不要舍不得烂梨。小舍小得，大舍大得，不舍不得。舍掉坏的，才能迎来好的。

03

作家张爱玲曾说："生命是一袭华美的袍，爬满了虱子。"小时候我们总是求完美，希望人生尽善尽美；长大后才发现，真实的人生有笑有泪，不会是一帆风顺的。

古人云，谋事在人，成事在天。很多事情是人力无法左右的，面对命运，很多时候我们难以反抗，但即便如此，也不能放弃。

---

① 郭泰，字林宗。东汉时期名士。——编者注

苏轼年少登科，春风得意，欧阳修夸他是未来的文坛领袖，皇帝说他是未来的宰辅。可是命运偏偏不愿如此，打击接踵而至。

亲人去世，被贬离京，幼子夭折，朋友反目，苏轼此后一生飘零四海。但就是这样的苏轼，活成了中国文人的精神偶像。"问汝平生功业，黄州惠州儋州。"黄州救助弃婴，惠州改良农具，儋州教书育人。

人生最大的三个"烂梨"，被他变成一生的勋章与荣耀。北上归来，政敌章惇的孙子怕他报复，写信求他网开一面。他却只有一句："但以往者，更说何益。"

面对人生的纷纷扰扰，他早已看破，不愿再纠缠。

人有悲欢离合，月有阴晴圆缺，此事古难全。人生就像这月亮一样，有圆有缺，谁也改变不了，除了坦然接受，没有别的办法。

不完满才是人生，不如意才是生活。有了这一层领悟，人生就多了一份豁达，我们在面对人生的"烂梨"时，也就多了一份从容与洒脱。

管得住情绪，才守得住人生

01

《史记·楚世家》里有这么一个故事。某天，楚国的女子和吴国的女子争抢桑叶，楚女抢输了，气得回家找父亲，让他帮自己出气。

楚父见状，叫上亲戚，就去找吴女的家人讨说法。两家见面后，大打出手，不小心闹出了人命。

两国边邑的长官听说自己国家的人死了，一怒之下相互攻伐，最后楚国灭掉了吴国的边邑。吴王听到此事后，派了几万兵马讨伐楚国，最后楚吴两败俱伤，各自走向衰落。

其实在生活中，我们也常常重复类似的故事。很多时候，因为控制不住情绪，一件小事在我们心里被无限放大，最后扰乱了自己和别人的生活。

作家狄更斯说："情绪心态之健全，比一百种智慧更有力量。"懂得修炼自己的情绪，是人最大的智慧之一。

02

2006 年世界杯决赛，传奇球星齐达内率领法国队迎战意大利队。作为 34 岁的老将，这是齐达内最后一次冲击"大力神杯"，因此他表现得格外卖力，开场不久就攻破了意大利队的球门。

凭借他出色的发挥，法国队整场比赛都牢牢占据主动权。在比赛还剩 10 分钟的时候，意大利队的防守已处于崩溃的边缘。

此时，意大利队的马特拉齐在一次拼抢中出言不逊。齐达内忍无可忍，一头撞向马特拉齐胸口。马特拉齐倒在地上，左右翻滚，表情十分痛苦。

裁判见状，毫不犹豫地向齐达内出示红牌，将他罚下场。缺少一人的法国队由主动变为被动，最后被对手拖入点球大战，以一球之差遗憾落败。

赛后，因为恶意犯规的事，齐达内一夜之间从众人爱戴的英雄沦为全法国声讨的"罪人"，满怀不甘的他只能被迫退役。

很多时候，之所以有那些让人抱憾终身的结果，大多是因为一时冲动，让情绪扰乱了心智。

我们生活里的苦，大多是情绪种下的毒。把情绪修炼好，才能把生活经营好。

03

你站在山脚，会感觉日暮山阴，站在山顶就会觉得"一览众山小"；你身处河畔，会埋怨流水喧嚣，身处江边便会感叹"天净水明霞"。

说到底，修炼情绪，修的是眼界，炼的是认知，成的是格局。

心理学家苏珊曾是一个情绪波动很大的人。公寓停电，错过地铁，聚会没被邀请……遇到芝麻绿豆般大的小事，她都会情绪失控，有时别人在她身旁交谈，她也会大发雷霆，觉得他们是故意干扰自己。曾经亲密的朋友一个个离开，她的工作和生活也变得一团糟。

导师了解她的情况后，和她一起分析了半年来每次情绪失控的原因。苏珊这才发现，在 80% 的情况下，她都不是因某件具体的事发脾气，而是因对自己身边糟糕的环境感到不满而发脾气。

导师告诉她："当你看到更大的世界时，你会明白所有的过度敏感，都是因为你对眼前的环境无能为力。"

在这之后，苏珊将所有心思用于心理学研究，努力提升自己的专业水平。随着学习与工作的平台不断提升，苏珊发现，不顺心的事与人变得越来越少。

如今，已是耶鲁大学心理学教授的苏珊在演讲时分享道："我们是情绪的主人。"

当我们的智慧和内在感受相调和、做出的行动与价值观一致时，我们才能克服情绪，成为更好的自己。

生活中每天都有意料之外的问题发生，遇到这些问题时，与其愤怒和抱怨，不如直面问题，着力提升自己的认知与眼界。

问题会带来情绪，情绪却不能解决问题。真正厉害的人，早已学会不以心情为导向，而以成果为导向。他们以理性驾驭情绪，改变能改变的，看淡不能改变的。而那些不能改变的，在逐年增长的阅历面前，也会变得微不足道。

很多人觉得情绪无法改变，认为自己"就是这样一个人"，但其实，控制情绪是自主性最强的一件事，因为它完全由你自己做决定。

情绪，其实是一种选择，你要选择不让此刻的环境影响今后的生活，不用别人的行为来干扰自己的心情。

把最好的情绪，留给最亲的人

亦舒说，我们日常所犯最大的错误，是对陌生人太客气，而对亲密的人太苛刻。

一个人在家里的言行举止，决定着这个家的氛围：你把家当成发泄情绪的垃圾场，对家人冷言冷语，家庭就冷如冰窖，让人心生寒意；你把家当成爱的归宿，对家人善言暖语，家庭自然和和美美，其乐融融。

人最好的教养，是把最好的情绪，留给最亲的人。

01

《永远幸福的科学》一书中，心理学家泰·田代说："作为伴侣，情绪稳定是重要的品质之一，但被低估了。"

和情绪不稳定的人生活在一起，简直就是人生的灾难。

网上有一个新闻，一对夫妻纵火烧房，而起因竟然是夫妻二人因一些琐事吵架，一言不合动起了手，妻子撕烂了丈夫的衣服，丈夫一怒之下直接用打火机点燃了妻子的衣服，然后引发了火灾。

原本温馨的小家被烧得一片狼藉。幸亏消防员及时赶到，扑灭了大火，否则整栋楼都要跟着遭殃。

夫妻之间的相处就像嘴唇与牙齿，难免磕磕绊绊。能否控制情绪，成了婚姻是否幸福的关键。

冯骥才在《老夫老妻》里写了一对年近 70 岁的老夫妻，在 40 年的婚姻生活中，二人争执了无数次。

老太太做好饭，叫老头吃饭，但是老头趴在桌子上通烟嘴，弄得纸片、碎布条、粘着烟油子的纸捻子满桌子都是。老太太催促了好几次，老头都无动于衷，于是老太太来气了。两个人你一言我一语，翻着陈年旧账，相互抱怨，寸步不让。

但吵架归吵架，二人再怎么生气，都不会说伤害对方的话，更不会一言不合就动手。所以，他们每次吵架的时间都不超过两小时，二人很快就会和好如初。

冯骥才说："他俩仿佛倒在一起的两杯水，吵架就像在这水面上划道儿，无论划得多深，转眼连条痕迹也不会留下。"

很多夫妻之间的沟通，70% 是情绪，30% 是内容。沟通时情绪不对，内容就会扭曲，人会口不择言，说一些伤害对方的话，甚至还会发生肢体冲突。

伴侣是陪伴你时间最长的人，维持好与伴侣的关系，在很大程度上保证了家庭的幸福。少些争执与埋怨，多些包容和理解，一个家庭才能和和美美。

02

富兰克林在《格言历书》中有一句话："处于盛怒之中的人驾驭的是一匹疯马。"当父母情绪不稳定、驾驭着这匹"疯马"时，第一个受到伤害的是他们的孩子。

有一个公益视频，标题是《爸妈，我不想做你们的孩子了》。视频中那个只有六岁的小女孩让人十分心疼。

小女孩的妈妈是一个情绪非常不稳定的人，一不开心就会发脾气，对着小女孩拳打脚踢，还不允许小女孩喊疼，否则她就打得更狠。

面对这样喜怒无常的妈妈，小女孩渐渐变得自卑、胆怯，眼睛里失去了光芒。她不想继续做妈妈的孩子，只想从妈妈身边逃离。

正如尹建莉所说："你对孩子发的三分脾气，会对孩子造成七分伤害。"父母控制情绪、保持平和，才是对孩子最好的以身作则。

胡适的母亲是一个脾气非常温和的人，每次胡适做错了事，她都不会当着众人的面责罚他，而是默默记下来，等到只剩他们两个人的时候，再关起门来细数他做错的事，让他认错。

后来胡适在《我的母亲》中有这样一段描述："如果我学得了一丝一毫的好脾气，如果我学得了一点点待人接物的和气，如果我能宽恕人，体谅人——我都得感谢我的慈母。"

有句话说："幸福的童年会治愈一生，而不幸的童年需要用一生来治愈。"父母保持情绪稳定，家庭才会更温暖幸福，孩子才会更出色。

03

有些人成年后会把生活和工作上的不如意全推到父母身上，觉得一切都是因为父母没有给自己创造好的条件。

还记得上大学那会儿，一次寝室聚会吃饭，吃得正欢时，有个服务员阿姨喊了室友一声，室友抬头看了她一眼，脸色大变，立马低头往里挪了挪。

正当我们困惑时，阿姨扯了扯嘴角，挤出一张僵硬的笑脸，说："你这个月钱还够花吗？这几天联系不到你……"

阿姨话还没说完，室友立马站起来大声打断她的话："你假装不认识我很难吗？是不是要让所有人都知道我妈妈只是个服务员你才满意？你能不能多为我考虑考虑！"

说完，室友哭着跑了出去，留下年过半百、两鬓斑白的阿姨不知所措地站在原地。

哪个父母不想给孩子提供最好的生活？但很多时候，他们给予的，已经是他们能给的全部，为人子女，不要苛责父母给的不够，要学会感恩。

在父母面前保持情绪稳定，不对父母发脾气，称得上为人子女最大的孝顺。

萧伯纳说："家是世界上唯一隐藏人类缺点与失败的地方，同时也蕴藏着甜蜜的爱。"

不要因为家人爱我们，就肆意向他们发泄负面情绪，无情地伤害他们。如果一个家庭中的人心散了，家庭中的个人再成功，又有何幸福可言呢？一定要把最好的情绪、最多的耐心，留给最亲的人。

此处有亏欠，彼处一定有弥补

人这一生，过的是心情，活的是心态。心情好，看什么都顺眼；心里一团糟，看什么都只会乱如麻。努力把心情照顾好，比什么都重要。

01

林语堂先生说："人生不过是你笑笑别人，别人笑笑你，如此而已。"做人，要学会一笑而过。

听过这样一个故事，一个人年幼时内向文静，看上去十分木讷，很多人都喜欢捉弄他，常常将 5 分的硬币和 1 角的硬币扔到他面前，让他从中选一个。

每次，他都只拿那个 5 分的硬币，从来不去拿 1 角的，为此，大家每次都要大笑他一通。

有一天，一个老太太问他："傻孩子，你不知道 1 角比 5 分多吗？为什么不去拿 1 角的硬币？"

他哈哈笑道："我当然知道，但是无所谓啊，大家图个乐而已。况且，我要是选那个 1 角的，他们肯定再连 5 分的也不愿意扔给我了。"

俗话说，百事从心起，一笑解千愁。人活着，总有烦恼和忧愁，真正聪明的人不喜计较，不屑置辩。因为他们明白，纠结的多了，快乐就少了；小事看淡了，日子也就好过了。

做人，别把什么都看得太重，别因小事让心情受牵累。世间千般事，无非一瞬间。

学会一笑而过，方可身轻松，人自在；淡看人间事，才能心不累，潇洒天地间。

02

生活中，有一些事会让人心生烦恼，甚至使人一蹶不振。但有很多事，等到过去一段时间回头再看，你会发现它们也不过如此，即便当时觉得迈不过去的坎，现在想想也不过是过眼云烟、回忆一场。

再糟的经历终会走远，再大的苦难终会过去。重要的是你能否放平心态，遇事不慌乱，遇挫不悲伤。

我有一位大学同学，大学刚毕业那年，他经历过一段特别难熬的时光——和相恋多年的女友分手，找工作处处碰壁，母亲又生了场大病。

那段时间，他整日烦躁不安，郁郁寡欢，想不通为什么这些事接二连三地发生在他身上，甚至在生活和精神的双重折磨下一度产生了极端的念头。

后来，母亲痊愈，他也如愿找到了满意的工作。回忆起那段时间，他惭愧又感慨地说："其实这世上哪有什么绝对的不幸，只不过是自己给心套上了枷锁。"

想开一点，再大的事情也都不算事儿。

熬过去了你就会发现，当时以为过不去的坎，现在看上去简直不值一提。

是啊，生活最神奇的地方就在于，穿过幽暗的山洞，终会柳暗花明。

别因一时的压力闷闷不乐，别为暂时的不顺纠结伤怀。好事坏事，终成往事；大事小事，都会过去。把心放宽，把事看淡，才是智慧。

03

有一段时间，汪曾祺的人生陷入逆境。从小没吃过苦的他，吃尽了苦头。

后来因工作调动，他又被分配到高寒地区的研究站，每天对着荒无人烟的田地，给马铃薯画图谱。

那段经历看起来很苦，但他并不觉得那时日子有多难挨。恰恰相反，那段经历反而为他的写作和绘画积累了大量素材，让他最终成为一代文学家、画家、戏剧家。

塞翁失马，焉知非福。这世上很多事都是如此，此处有亏欠，彼处一定有弥补。如果没有马上看到满意的结果，不要怨天尤人，不必愁眉不展，你总会在将来某个不经意的瞬间，收获意想不到的惊喜。

身边一位朋友的经历曾让我感慨万分。因为工作出了差错，朋友被公司解雇，他索性开始自己创业。努力了几年，朋友的发展远比当年好。

再谈起当年被解雇这件事，他笑着说："要不是当初被解雇，我根本不会想要自己创业，肯定也不会有现在的成就。"

我特别喜欢一句话：如果事与愿违，请相信另有安排。

从前觉得事事称心如意，才是人生最大的幸事。经历的多了才明白，生活起起落落，人生浮浮沉沉，很多事都未必总能如愿。但即便暂时不能如愿，也不必过分沮丧，因为所有失去的，都会以另一种方式归来，一切都是最好的安排。

04

人活着，开心最重要，心情最关键。心情不好，一切就乱了，心情好了，事也就顺了，而能否开心生活，笑对人生，全在于自己。有人一遇事就愁眉不展，陷入负面情绪无法自拔，结果不仅于事无补，反而把生活弄得一团糟；有人即使遭遇不顺，也总能想方设法改变心态，调整心情，让自己开心。

古代寓言里，有个叫爱地巴的人，只要心情不好，他就绕着自己的房子和土地跑步。

有人问他："你一生气就跑步，每次都累得气喘吁吁、汗流浃背，那不是更生气了吗？"

爱地巴笑道："当我年轻时，每次绕着我的房子跑步，我就会想，我这么穷，房子这么小，哪里还有时间与精力去生气呢？不如多做点事情改变贫穷。后来我老了，住的房子越来越大，每次跑步我又会想，我的房子这么大，土地这么多，够有福气了，还有什么不开心的呢？一想到这些，我的气就消了。"

时光飞逝，别总自寻烦恼。学会释放压力、制造快乐，不因一时的不如意而闷闷不乐，不为一时的不顺心而忧愤成疾，这是应选择的心态，也是生活的智慧。

人之幸福，全在于心之幸福，把心情照顾好，比其他都重要。

做自己的拐杖

01

最近发现，有位老友从朋友圈中消失了。他以前是个很爱在朋友圈分享生活的人，有时会发一些风景，有时会发一些精心制作的美食。

那天同事聚餐，我想起他之前分享过一个餐厅，便点进他的朋友圈去找，却只看到一条横线。于是我打电话给他问餐厅地址，顺便问："为什么好久没见你发朋友圈了？"

他支支吾吾，只说："没什么事，下次再说。"后来从其他朋友那里得知，他最近失了业、离了婚，前妻"潇洒"地离开，他一个人抚养孩子。

这些事听起来都挺让人难过的，但听到这些我心里有些怨怼："为什么发生了这么大的事情他却不告诉我？"

直到有一天，我正在公司加班，忽然接到电话说母亲不小心从楼梯上摔了下来。我匆忙往家赶，路上下起了大雨。到家时，我顾不上自己浑身湿透，赶紧先把孩子送到邻居那里，再带着母亲去医院。缝针、拿药、安排床位，处理完一切，我坐在医院的长廊上，一阵倦意涌来，那一瞬间，我忽然理解了那位老友。人在心力交瘁的时候，原来真的不想说话。

通常，中年人的崩溃都是默不作声的，因为这些人不愿给别人添麻烦，也不想把自己的悲伤变成他人的谈资。这世界，从来都是"各人的肉长在各人身上"，酸甜苦辣都要自己尝。人类的悲欢并不相通，世间并无真正的感同身受。

02

鲁迅《祝福》一文里的祥林嫂，原是个悲苦的女人——失去了父母，被婆婆压榨、卖到深山，接连失去两任丈夫，最终连唯一的孩子也被狼叼走了。于是，她见人就诉说自己的悲惨经历，想换来别人的同情和怜惜。但事实却是，大家不曾和她有相同经历，很难对她的苦难感同身受。刚开始大家还会安慰她，但听的多了，只会觉得她啰唆，开始厌烦她。

很多时候，我们都像祥林嫂一样，吃了苦、受了伤，第一时间想的往往是向别人寻求安慰，渴望得到理解，但到后来，我们才明白有些话不必说出口，有些委屈终究要独自咽下。

《水浒传》中，最令我唏嘘的人物就是林冲。风光时，他是八十万禁军教头，每日街头巷尾游玩吃酒；落魄时，他沦为阶下囚，发配途中风餐露宿，饱受羞辱。好友陆谦的背叛，让他一步步滑向深渊。

妻子与亲人生死未卜，江湖朋友终不敌权贵，心灰意冷的林冲，在风雪交加的破庙中看透一切。

喝了一壶冷酒，林冲便上了梁山，再也没有回头。

世事一场大梦，人生几度凉秋。

难过的时候，别总想着向人诉苦。人生在世，总有些苦涩要自己吞下；天大地大，总有些难关要独自去闯。

关关难过，关关过。走过去了，就有遍地繁花。

03

曾有读者问我，人生中最痛苦的时候，你是怎么走过来的？

我说，最黑暗的那段时期，是我自己把自己拉出低谷的，没有帮我的那个人，我就自己做那个人。

想起杨绛先生的后半生，可以说是历尽了波澜坎坷。年过60 的她，却整日干各种粗活。

但她并没有倒在困难之下。被安排去挖井，她就脱下鞋袜，把四处乱淌的泥浆铲归一处，井打好的那天，她还特意打来一瓶烧酒，为大家办庆功宴；被安排去洗厕所，她就用那双拿笔杆子的手，把厕所擦得焕然一新，还暗自庆幸自己有时间读书，不必向他人低头谄媚。

正是这份无所畏惧的乐观和不卑不亢的豁达，让她熬过了最难的那些年。她甚至还在这段艰苦的日子里完成了八卷本《堂吉诃德》的翻译。

总有一天，生命中那些苦不堪言的过往会成为过去。你咬牙坚持，在风雨中穿行，一回头，会发现自己已经走了很远的路。

人这一生如白驹过隙，好的坏的都是经历。没有谁能永远替你遮风挡雨，唯有自己，才能为自己挡雨。

再难过的事也总会过去。等风来，不如逐风去。

正如里尔克所言：哪有什么胜利可言，挺住意味着一切。

境况越是糟糕，越应拼命奔跑

2006 年，哈佛大学讲师泰勒·本－沙哈尔在他名为"幸福课"的公开课上提到，自己在进行多年的跟踪调查与大量研究后得出一个结论：运动，是最强劲的精神药物。

2018 年，美国《世界日报》也发表了一项研究：经常运动者的快乐感会比"四体不勤"者多 52%，运动充足者的快乐感比不运动者多 29%。

这两项研究刷新了我对运动的认知。原来运动除了能强身健体，还能赋予一个人更好的心态和更健康的情绪。

01

作家村上春树曾经被创作压力和生活琐事所困扰。为了保持充足的精力，他每天凌晨 4 点起床，写作 4 小时，跑步 10 公里。坚持 30 余年后，他不仅成功减掉了肚子上的赘肉，还戒了烟瘾，最重要的是，他收获了内心的宁静。

在跑步中遇到的一草一树、一花一鸟给他提供了源源不断的灵感。运动的状态让他从诸多烦心事中抽离出来，以旁观者的视角审视自身。当体力消耗殆尽时，负面情绪也随之被消解。

他这样形容跑完马拉松的情景："我终于坐在了地面上，用毛巾擦汗，尽兴地喝水。解开跑鞋的鞋带，在周遭一片苍茫暮色中，精心地做脚腕舒展运动，这是一个人的喜悦。体内那仿佛牢固的结扣的东西，正在一点点解开。"

当所有的杂念被挥发成汗水时，心灵上的负面情绪也就不药而愈了。

正如"医学之父"希波克拉底说的那样："阳光、空气、水和运动，这是生命和健康的源泉。"

当你迎着风、步履不停地奔跑时，所有的负面情绪都会像周围的风景一样被抛诸脑后。

当你不断战胜自己时，你对生活的掌控感就会越来越强，心中的阴霾自然会随之消散。

02

某知识问答平台上有一个问题："坚持运动后，你的生活有哪些变化？"

有一条高赞回答是："运动，给了我重生的机会。"

不知道你有没有这样的经历：心情郁结的时候，索性什么都不想，到外面跑上几圈，回来之后神清气爽。无论之前多么沮丧，运动后，你就像重新"活"了过来。

在《锻炼改造大脑》一书中，世界知名神经科学家温蒂·铃木说自己几乎将每天 2/3 的时间贡献给了实验室。工作压力大，精神紧绷，久而久之，整个人都郁郁寡欢。

朋友看她如此消极，建议她："不如你运动运动吧。"

就这样，她开始去健身。一段时间后，她发现每次运动后，自己的心情都会格外舒畅，记忆力和专注力也比之前好多了。

菲尔·奈特说："我坚信如果人们每天外出跑上几公里，世界就会变得更美好。"

人生就像一场马拉松，也许偶有风雨和坎坷，但唯有坚持跑下来，把所有的坏情绪都发泄出来，在奔跑的过程中找到生活的希望，才能获得向前的力量。

03

据《英国运动医学杂志》报道，德国柏林自由大学的医生曾对患重度抑郁症的 5 名中年男性和 7 名女性进行了为期 9 个月的追踪调查。他们发现，药物对这些患者的治疗效果相当有限。

后来，研究人员要求患者每天跑步 30 分钟，并且在 10 天的运动周期内，逐渐增加运动量。结果显示，部分患者的抑郁情绪大为改善。

心情不好、感到焦虑的时候，不妨去做一些运动。

此外，当你冥思苦想却始终理不出头绪时，不妨去运动。运动过程中，烦躁的心情会一扫而光，也有可能灵光乍现，百思不得其解的问题，突然有了思路。

当你被人误解，感到郁闷苦恼时，不要思前想后，陷入精神内耗，去运动。大汗淋漓后，让你烦闷的事情，会变得不那么重要。

当你陷入人生低谷时，不要沉浸在悲伤的情绪中，去运动。跑完 3 公里、5 公里、10 公里后，那些悲伤会随着汗水蒸发。

运动一两天也许看不到变化，但成年累月地坚持下去，你一定会拥有更健康的身体、更愉悦的心情。

与自己的情绪和谐相处

01

我曾在杂志《今古传奇》上看到一篇文章叫《蛇与锯》。

有一天，一条饥饿的蛇爬进一家木工店寻找食物。当它经过地上的锯子时，身体被锯子割伤了。

它愤怒地转过身去，一口咬住锯子。结果锯子完好无损，它却把自己的嘴也弄伤了。蛇更加愤怒，它红着眼睛，冲上去用力把锯子缠住。

它用尽了全身的力气也没伤到锯子，反倒是它自己被锯死了。可怜的蛇至死也不明白，杀死它的并不是锯子，而是它失控的情绪。

生活中，我们难免会遇到不如意的事，有人忧思百结，不断内耗自伤；有人脾气暴躁，因一时冲动酿成惨剧。说到底，人这一生，常常在为自己的情绪买单。

02

前段时间，我有位朋友因为乳腺问题做了一个大手术。后来她和我感叹："30 岁以前，总是习惯将所有的事情放在心里，比如工作不顺、感情糟心……被琐事压垮了内心。直到大病一场，才知道生气也会毁掉一个人的健康。"

《情绪革命》一书中说："情绪生病比身体生病更可怕。"人生路上最大的敌人，往往是自己的负面情绪。

知名心理咨询专家约翰·A.辛德勒曾碰到一个病人，当时她的症状和胆囊炎的症状一模一样，因此约翰为她注射了三针止痛剂，在她的病情日益严重的情况下，还为她进行了胆囊摘除手术。

但这些做法始终没有消除她的疼痛，后来才发现，她之所以感到疼痛，是因为儿子前往部队，她的情绪过于紧张。儿子回到家后，她的疼痛就不药而愈了。

我们的生活，常常是麻烦追着麻烦，如果任由负面情绪蔓延，只会把日子过成一团糟，心情自然好不到哪里去。学会调节自己的心情，保持情绪稳定，才是最好的养生之道。

03

心理学家戴维斯教授曾对近1000人做过跟踪调查，他得出一个结论：长期处于激烈的坏情绪，会导致家庭失败、事业糟糕，或者把好事弄得一塌糊涂。

生活中，我们会遇到很多糟心的事情。我们要明白，太过情绪化是一场灾难。那些难以掌控自己的情绪的人，往往也难以掌控自己的人生。

朋友的公司里有个老员工老李，从公司创立那天起就加入了公司，他为人忠厚老实、勤勤恳恳，但就是脾气太火爆，一点就着。

有段时间，老李身体不好，医院告知他至少需要调理半年。朋友体谅他，便想着不降待遇，给他换一个轻松些的岗位。

老李知道后，顿时火冒三丈。无论朋友如何解释，他都听不进去，只觉得是朋友嫌弃他，有了新人忘了旧人，看不起他，想要趁机赶走他。一怒之下，老李自己辞职了。

人这一生，赢在宽容，输在脾气。有些人之所以过得不好，很多时候是因为控制不住自己的怒气。

04

某知识问答平台上有个问题："一个人成熟的标志是什么？"

有个高赞回答说："即便内心波涛汹涌，表面也能云淡风轻。"

总结成四个字就是：情绪稳定。

前段时间，我看了罗振宇的一个采访。主持人问："你有什么难过或者不好接受的事吗？"罗振宇笑着回答说："我现在的人生里没有所谓的情绪，只有发生了什么问题和怎么解决问题。"

简短的一句话，尽显智慧。很多成功的人，其实都是管理情绪的高手。

正如老子所言："胜人者有力，自胜者强。"控制情绪，是处世的智慧，更是人生的修行。不困于心，不乱于情，方能自在安然过一生。

接纳自己，停止内耗

01

10年前，我在北京一家报社上班时，有过一次难忘的经历。有天上午开会，我没有提前做准备，被领导问及采访一位重要人物的关键问题，我没能答上来。

虽然领导和同事没说什么，但从他们的眼神和动作中，我察觉了很多隐藏的意思，然后不知不觉联想到自己身上："他刚瞄了我一眼，是不是在看我的笑话？""领导皱了下眉头，不会对我有想法了吧？"

带着各种心思和情绪，我熬到了下班。回家后，躺在床上，原本已经关灯准备睡觉，但一想到白天自己在会上的表现和明天要面对的采访，我忽然变得很焦虑，翻来覆去，直到凌晨 2 点也没睡着。第二天的采访成了我记者生涯中的一个失败案例。

经过这件让我的内心极度煎熬和自责的事后，我长期处于"亚健康"状态，身体不好，内心焦虑，陷入了长久的自我贬低。我知道，再这么下去，情况只会更严重，比如变得抑郁、害怕社交等。此后，我通过阅读相关书籍，明白了这是典型的精神内耗。

心理学家把这种现象称为"过度思虑"。它不但会耗尽你的精力、降低你的行动力、让你感到疲惫不堪，还会降低你的生活满意度和幸福感，甚至影响你对自身存在的意义的认知。

02

美国医学博士约翰·辛德莱尔在《情绪自控力》一书中提到一位陷入严重精神内耗状态的校长。

这位校长原本头脑冷静，适应力也很强，可有一天忽然病倒了。他头晕目眩，只有躺下时才觉得好一点。每当他试着坐起来，头晕就会加重，甚至产生想呕吐的感觉。

原来，他碍于面子答应给朋友做贷款担保。但做完担保后，校长开始后悔："这笔贷款数目太大，我一直很犹豫，可我不能拒绝他，因为他是我的好朋友。但如果他还不起钱怎么办？那我所有的存款怎么办？我的房子怎么办？岂不是都要化为乌有了？"

在焦虑中，校长生病卧床了。他去医院，医生也束手无策。但神奇的是，当朋友来探望他，告诉他自己已经还清银行贷款时，校长一下子康复了，第二天就生龙活虎地去上班了。他担忧的所有事，一件都没发生，但他在内心里却上演了一部"大戏"。

很多时候，一个人身体状况不好有可能和思虑过度有关。就像小说《装在套子里的人》的主人公一样，他总认为生活会出乱子，所以他出门时，即使天气是晴朗的，他也会带上雨具，穿好鞋套和厚大衣。常活在自己臆想的担忧里的他，最后也在忧虑中逝去。

人活着，其实活的是精气神。如果一个人总是处于消极不安的状态，他的身心健康一定会受到影响。所以，千万不能让心生病。

03

唐代文学家柳宗元写过一篇文章叫《蝜蝂传》。蝜蝂是一种爱背东西的小虫。爬行时，无论遇到什么，它都会将其放在背上，直到不堪重负，跌倒摔死。

很多人活得不幸福，便是因为他们像蝜蝂一样，给自己太多压力，陷入内耗的怪圈。久而久之，内心的包袱越来越重，前进的脚步也越来越慢。下面，我给大家几个帮助大家停止内耗的建议。

第一，立即行动，别犹豫不决。

很多时候，我们之所以陷入困境，不过是因为我们胡思乱想，自己给自己设置了枷锁。

心理咨询师黄怀宁在演讲"做一个主动的人"中，说过一个故事。

美国一家报社里，有位普通记者琼斯。

一天上司叫她去约访大法官布兰德斯。琼斯连忙拒绝，列举出一大堆拒绝的理由："不行不行！他根本就不认识我！我只是无名小卒，经验不足，他或许不会见我……或许别人去了，会比我表现得更好，我还是别去了……"

上司瞥了她一眼，拨通了布兰德斯的电话："你好，我是记者琼斯，我奉命采访布兰德斯法官，不知道他今天能否接见我几分钟？"

琼斯在一旁惶恐地说："他不会答应的！我的能力还不足以采访他。"

这时，电话那头传出声音："一点十五分，请准时。"

琼斯听后，愣在原地。她怎么也没想到，自己反复挣扎、纠结很久的事情，对方竟想也没想就答应了。

人生不像做菜，不能等所有材料都准备好才下锅。停止对困难的恐惧，放下心中的执念，行动起来，就能告别内耗。

第二，活在当下，别思虑太多。

曾国藩年轻的时候极度焦虑，有严重的精神内耗。为了减少自己的胡思乱想，他特意在日记中写下了一句话，用以警示自己："物来顺应，未来不迎，当时不杂，既过不恋。"

事情发生了，一切纠结与埋怨都无济于事，顺应当下，保持一份乐观心态；谁也不知道明天和意外哪个先来，别为不确定的未来担忧，怀揣一颗平常心，只为清晰的现在而努力；做一件事就专心做一件事，读书时不想见客的事，见客时不想读书的事；对于遗失的东西、错过的人，努力学着接受和放下。

唯有如此，才能摆脱焦虑，不负当下的每寸好时光。

第三，生活没有那么多观众，别太在意别人的看法。

《庄子·逍遥游》中有句话："举世誉之而不加劝，举世非之而不加沮，定乎内外之分，辩乎荣辱之境，斯已矣。"

大意是，有一个人，全社会都称赞他，他却并不因此而更勤勉；全社会都责难他，他也并不因此而更沮丧。他有自己的做事准则，也有自己的荣辱标准，并不会因为他人的评价而改变自身。

生活其实没有那么多观众，我们是活给自己看的，不是活给别人看的，不必太在乎别人的看法，安心做好自己，就很好。

人生最痛苦的事，莫过于在坚持和放弃之间徘徊、煎熬。从今天起，让我们停止内耗，去做真正有价值的事。

管理情绪的三把钥匙

一个人如何走向成熟？在我看来，是学会驾驭自己的情绪，而不是一味受它驱使。没有谁的生活是毫无烦恼的，太过情绪化，会对身心造成极大的消耗。

随年龄和阅历一起增长的，还应该有自我调节的能力。事不顺时，去读书；气不平时，去运动；心不静时，去冥想。

01

第一把钥匙：读书。

作家蔡澜每年春节前都会开放一阵微博评论，回答网友的提问。

有人抱怨自己近来事事不顺，觉得人生简直暗淡无光，问他该如何排解。他只回了两个字：读书。

每个人都会经历异常难熬的时光：被人误解，遭受背叛，承受巨大压力……你可能苦恼，可能无助，可能在无数个夜晚情绪崩溃。

书不是药，但药藏在读书的过程中。一本好书，能在你痛苦时给你抚慰，在你绝望时给你光亮。

有个年轻人，毕业后换了六七份工作，可始终不如意。后来他干脆辞了职，每天窝在狭小的出租屋里，靠写稿维持生活。收入本来就少，再加上稿费有时被拖欠，他经常过得很窘迫。

那两年，高昂的房租、养家的压力、对未来的迷茫，一同朝他袭来。他每天都在焦虑和痛苦中醒来，头发大把大把地掉，整个人陷入了情绪的低谷。

后来，朋友给他推荐了一本书。花了几个通宵读完后，他感觉内心的焦虑仿佛被治愈了。连那些困扰他许久的怀才不遇、自怨自艾、愤世嫉俗等负面情绪，也突然消失了。于是，他重新振作起来，每天认真写作、翻译，还在友人的建议下做起了出版相关的工作。

这个人，就是知名翻译家李继宏。

人生难免经历疾风骤雨，阅读，是自愈，也是自渡。它无法让谁的人生一直顺遂，却能让人从容面对生活的诸多不顺。

书，是排解情绪的通道，也是治愈内心的良方。一个好的故事，会让你暂时忘却外界的痛苦；一句抚慰人心的话，常常能让你重新蓄满力量。

那些你读过的书、看过的故事、得出的思考，会摆渡你、塑造你，让你心沉静、脑清醒。纵使一时陷入生活中的泥沼，读书也能让你拥有一寸一寸拉自己上来的精神力量。

02

第二把钥匙：运动。

1965 年，加利福尼亚大学曾开展了一项调查。研究人员跟踪随访 8000 名年轻人长达 26 年，调查生活习惯和健康的关系。

结果显示，长期保持运动的人，抑郁的风险远低于普通人。

每周锻炼两到三次的人与那些不怎么锻炼的人相比，会更少感到愤怒、有压力、愤世嫉俗、怀疑一切。运动，可以说是负面情绪的"头号克星"。

我有一位朋友，有一阵子他特别焦虑。那时，公司裁员，他是其中一名，又恰逢女友提出分手，事业爱情双双受到打击，他便一蹶不振，整日郁郁寡欢。

后来，我看不得他这副颓废的样子，就强迫他去跑步。

一开始他是不情愿的，但在跑完第一个 5 公里后，他感觉到了前所未有的放松，好像心里所有的郁闷情绪都随着汗水排出去了。

从此，跑步成了他生活的一部分。他说，坚持跑步带给他的，除了宣泄压力，更多的是一种精神的滋养。

生活中，人人都有被突如其来的负面情绪折磨得苦不堪言的时候。运动，往往带有修复内心的力量。

难过时，就去跑跑步、跳跳绳。汗水冲刷了身体，也扫除了精神上的郁闷。生气时，就去打打沙包和羽毛球。快节奏的锻炼消耗了能量，也赶走了心里愤怒的小人。

运动时产生的多巴胺和内啡肽，是解忧药。一场大汗淋漓的运动过后，你会发现，烦恼早就被抛在了天边。

03

第三把钥匙：冥想。

你是不是常会有这样的感受：待在人声嘈杂的地方，会突然感觉思考停滞、呼吸困难；工作压力一大，人就猛地烦躁起来，面色潮红；明明有急事要做，可就是静不下心，无法保持专注。

《人生效率手册》一书的作者张萌在很长一段时间内都处于这种状态：工作低效，睡眠也受到严重影响。为了自救，她开始积极寻找各种调节方式。

最后，帮她从濒临崩溃的状态里走出来的，是冥想。她发现，当自己彻底放空时，外界的纷扰似乎都被屏蔽了。冥想结束后，坏心情一扫而空，之前棘手的事也变得简单起来。

很多时候，困住我们的不是眼前的事，而是自己的情绪。安迪·普迪科姆曾提出一个思考方式：第三者视角。简单来说就是把你自己当成"张三"，把你碰到的问题也当成"张三"碰到的。换种角度和心态，很多困难往往会迎刃而解。

现代人的生活里，常会有焦虑、压力、浮躁。冥想教我们去除杂念，让心休憩。内心若是秩序井然，即便风波四起，也能从容应对。

气从暴躁生，百病忧中起。整理好心情，才有精力面对世事纷繁。保持好心态，生活才会对你温柔以待。任何时候，能真正治愈自己的，只有你自己。

保持钝感，不要把情绪带到工作中

马东在《十三邀》里接受许知远采访时提到，他在招聘和考核员工时，最看重的品质是"事在人先"。

什么意思呢？意思是说，既然来工作，那你生活上的事是另外一回事，不要把过多生活中的情绪带到工作中。

在工作中放纵情绪，其实是不靠谱的表现，除了你自己，没有人会为你的情绪买单。无论你遇到了多大的困难，受到了多大的屈辱，在踏进公司的那一刻，都应当收起情绪。

不把情绪带到工作中，是成年人该有的自觉。

01

美国著名心理学家丹尼尔·戈尔曼曾说："在成功人生的决

定因素中，智商最多有 20% 的贡献率，其余 80% 是由非智力因素决定的。"

而在这 80% 的非智力因素中，管理情绪的能力非常重要。在工作中无法保持情绪稳定的人，大多不能做好事情。

我认识一个朋友，他在一家广告公司担任项目主管。有一次，朋友接到一个项目，按照惯例，他把一部分任务派给一位下属，约定了截止时间。结果到了截止时间，其他人都到会议室准备开会了，唯独那位下属迟迟不见踪影。

给她发消息不回，打电话也不接，其他同事也不知道她去了哪里。过了近半小时，她才推门进来，一脸忧郁。而由她负责的那部分方案她敷衍了事，方案根本没办法使用。大家只能现场赶工，完成原本属于她的那部分工作。

事后，朋友把这个下属叫到办公室谈话，才知道原来那几天她在和男朋友闹分手，心情低落。消失的那半小时，是她跑到楼下和男朋友打电话去了。

理查德·泰普勒在《极简工作法则》中写道："人们对你的看法与你是否能得到他们的支持密切相关。而一旦你无法控制自己的情绪，他们就会以最快的速度失去对你的信心。"

职场中很忌讳带着私人情绪工作，这不仅影响个人效率，还会拖累整个团队。真正优秀的人，先处理事情，再处理情绪。上班不带情绪，才是对工作、对同事最大的尊重。

02

你有没有这样的感受：和开朗的人在一起，心情很容易充满阳光；和悲观的人在一起，自己也容易变得悲观。也就是说，人与人之间的情绪，是会传染的。

我有位朋友是某医院的护士，一天晚上吃饭时，她和家里人吵了架，心情很不好。刚好那天晚上轮到她值班，科室里只有她和另外两个同事。当时一下子来了好几个急诊病人，大家一时间忙得晕头转向。她也在家属的各种询问中愈发烦躁，好不容易忍到回了科室，同事顺嘴问了下配药的事，她立马情绪失控，怼了过去。

同事被她突如其来的高分贝的声音吓到了，朝她道："你发什么脾气，我惹你了？现在是工作时间，没人惯着你。"

那一刻，她愣住了，也瞬间清醒了。如果让患者感受到她的坏情绪，无论患者的身体康复还是医护人员的形象，都会受到影响。

于是，她强迫自己冷静下来，休息了一会，调整好状态再去处理工作。然后她发现，烦心的事情不过是她工作的日常，是因为自己本身情绪不好，才觉得工作难以忍受。

罗伯·怀特曾说："任何时候，一个人都不应该做自己情绪的奴隶，不应该使一切行动都受制于自己的情绪，而应该反过来控制情绪。"

　　一个真正成熟的人应该具备的能力之一，就是及时给坏情绪"踩刹车"。

03

　　拿破仑有句话说得好："能控制好自己情绪的人，比能拿下一座城池的将军更伟大。"真正厉害的人，往往处事沉着冷静，不喜于色，不怒于形。所谓"弱者被情绪控制，强者控制情绪"。优秀的人不是没有情绪，而是会管理情绪。

　　巴菲特保持投资长胜的秘诀之一，是不把情绪带到工作中。他说，作为一个投资者，情绪失控是很不理智的，造成的后果也是极其严峻的，保持理性和稳定情绪才最重要。

　　就像稻盛和夫说的那样："成功不要有无谓的情绪。即使你抱怨再多，受到的委屈再多，当下最要紧的一件事就是先把工作做好，把工作做好之后你再去发泄情绪、调整心情，这才是一个成熟的人该有的心态。"

　　试想一下，如果你是领导，你是把工作交给一个阴晴不定的人，还是稳定靠谱的人？结果不言而喻。

　　工作中把情绪调成静音，你会得到更多的机会。

04

两位同事因为工作失误被领导大骂一顿。一位同事很敏感，觉得领导冤枉了自己，大受委屈，第二天一上班就提出了辞职，而另一位同事，情绪低落了几分钟后重新收拾情绪，照样干得起劲。有人觉得他"缺心眼"，但他只是对所谓的失去面子有"钝感"。

钝感力强的人，不会在负面情绪里沉迷太长时间，他们会快速忘掉令人不快的过去，着手处理当下的事情。

每个人的工作、生活中，或多或少都会遇到一些委屈，我们要学会保持一定的钝感力，让自己的心变得大一些。只有这样，我们才能在以后的日子里承受更多的历练，不被压力摧毁。

当你保持钝感、情绪稳定时，工作自然就顺了。

参考文献

［1］ 罗宾德拉纳特·泰戈尔.泰戈尔抒情诗选 [M].吴岩，译.上海：上海译文出版社，2010.

［2］ 博多·舍费尔.财务自由之路：7年内赚到你的第一个1000万 [M].刘欢，译.北京：现代出版社，2017.

［3］ 丹尼尔·卡尼曼.思考，快与慢 [M].胡晓姣，李爱民，何梦莹，译.北京：中信出版社，2012.

［4］ 哈吉斯.管道的故事 [M].赖伟雄，译.海口：南海出版公司，2009.

［5］ 纳西姆·尼古拉斯·塔勒布.反脆弱：从不确定性中获益 [M].雨珂，译.北京：中信出版社，2014.

［6］ 渡边淳一.钝感力 [M].李迎跃，译.上海：上海人民出版社，2007.

［7］ 张晓风.这杯咖啡的温度刚好 [M].昆明：云南人民出版社，2011.

［8］ 埃斯特·迪弗洛，阿比吉特·班纳吉.贫穷的本质：我们为什么摆脱不了贫穷 [M].景芳，译.北京：中信出版社，2013.

［9］ 克里斯托弗·麦克杜格尔.天生就会跑 [M].严冬冬，译.海口：南海出版公司，2012.

［10］ 皮克·耶尔.安静的力量：通往止境的冒险 [M].叶富华，译.北

京：中信出版社，2016.

［11］ 塔拉·韦斯特弗．你当像鸟飞往你的山 [M].任爱红，译．海口：南海出版公司，2019.

［12］ 狄更斯．大卫·科波菲尔 [M].庄绎传，译．北京：人民文学出版社，2015.

［13］ 休·麦凯．欲望心理学：看人看到骨头里 [M].王莹，译．北京：中国友谊出版公司，2013.

［14］ 刘震云．一地鸡毛 [M].武汉：长江文艺出版社，2004.

［15］ 山田宗树．被嫌弃的松子的一生 [M].王蕴洁，刘珮瑄，译．成都：四川文艺出版社，2018.

［16］ 饶平如．平如美棠：我俩的故事 [M].桂林：广西师范大学出版社，2013.

［17］ 威廉·莎士比亚．第十二夜：中英双语珍藏版 [M].朱生豪，译．南京：译林出版社，2018.

［18］ 路遥．平凡的世界 [M].北京：北京十月文艺出版社，2012.

［19］ 山下英子．断舍离 [M].吴倩，译．南宁：广西科学技术出版社，2013.

［20］ 刘震云．我不是潘金莲 [M].武汉：长江文艺出版社，2012.

［21］ 温蒂·铃木，比利·菲茨帕特里克．锻炼改造大脑 [M].黄珏苹，译．杭州：浙江人民出版社，2017.

［22］ 约翰·辛德莱尔．情绪革命 [M].毛筠，译．北京：华文出版社，2019.

［23］ 约翰·辛德莱尔．情绪自控力 [M].杨玉功，译．北京：金城出版社，2013.